配电网运维监测分析与应用

国网宁夏电力有限公司电力科学研究院
国网宁夏电力有限公司信息通信公司 编

中国电力出版社
CHINA ELECTRIC POWER PRESS

内 容 提 要

本书以配电网运行监测为典型应用场景进行了探索实践，提出配电网运行全量、在线监测方法，研究了配电网运行监测实现技术，构建了配电网运行监测功能架构及综合关联分析模型，为配电网运行监测以及配电网改造评价提供了新的思路。

本书共分7章，主要内容包括配电网发展及运维检修监测的简单介绍、配电网高质量发展监测体系、配电网运行指标全方位监测、配电网故障停电管理监测、供电服务全视角跟踪监测、项目全过程监测、地区用电营商环境监测。

本书适用于从事配电网生产的人员、企业经营管理人员，也可作为制造部门、科研院所相关人员的参考书籍。

图书在版编目（CIP）数据

配电网运维监测分析与应用 / 国网宁夏电力有限公司电力科学研究院，国网宁夏电力有限公司信息通信公司编. —北京：中国电力出版社，2020.12（2023.1 重印）

ISBN 978-7-5198-4881-1

Ⅰ.①配… Ⅱ.①国…②国… Ⅲ.①配电系统—电力系统运行—维修—监测系统 Ⅳ.① TM727

中国版本图书馆 CIP 数据核字（2020）第 155962 号

出版发行：中国电力出版社
地　　址：北京市东城区北京站西街 19 号（邮政编码 100005）
网　　址：http：//www.cepp.sgcc.com.cn
责任编辑：陈　丽（010-63412348）
责任校对：黄　蓓　朱丽芳
装帧设计：王红柳
责任印制：石　雷

印　　刷：三河市万龙印装有限公司
版　　次：2020 年 12 月第一版
印　　次：2023 年 1 月第二次印刷
开　　本：710 毫米 ×1000 毫米　16 开本
印　　张：13.75
字　　数：193 千字
定　　价：65.00 元

编委会

主　　编　胡建军

副主编　王　亮　郭　飞　王　波　史渊源　闫振华

参编人员　贾　璐　张振宇　李　梅　吴旻荣　万　鹏

张庆平　张治民　徐维佳　秦发宪　朱冬梅

钟海亮　田　炯　耿天翔　李文涛　祁　鑫

李　蓉　相中华　高　博　李秀广　刘世涛

于　烨　刘思尧　周　怡　吴佳静　李学锋

周　秀　亓　亮　罗海荣　马国武　黄亚萍

乔　炜　马　瑞

前言 PREFACE

电力体制改革不断深化、政府监管日趋严格，对转变配电网发展方式、推动企业效率提升、实现电网高质量发展提出了新的更高要求。作为电力系统的重要组成部分，配电网直接连接电力用户侧，其分布广、设备种类繁多、线路连接复杂、运行方式多变的特点直接影响了配电网智能化发展水平。如何高效利用配电网海量运行数据，挖掘数据价值，促进配电网运维水平的提升，是配电网运维监测分析的核心和重点。因此分析配电网运行数据中包含的规律、风险和价值，利用大数据分析方拓展业务监测的广度和深度，成为配电网运维监测探索的主要方向。

随着互联网、云计算、物联网技术的应用与普及，被称为IT行业又一颠覆性技术革命的“大数据”诞生了，“电力+大数据”逐渐成为电力系统应对新需求、新形势的出路。电力大数据既包括电网调度数据、设备运维数据，也包括用户用电数据等，电网企业应主动拥抱电网大数据，形成一种数据思维以提升核心竞争力。通过挖掘数据之间的关系和规律，在保证供电充裕度、优化电力资源配置以及辅助政府决策、能源利用等方面将发挥重要作用。

本书从配电网基础业务和大数据分析方法入手，将数据分析技术与实际案例结合起来，展现了大数据分析技术在传统电网企业运营中的创新应用。结合国网宁夏电力有限公司配电网运维检修和大数据分析实践，以配电网运行监测为典型应用场景进行了探索实践，提出配电网运行全量、在线监测方法，研究了配电网运行监测实现技术，构建了配电网运行监测功能架构及综合关联分析模型，提供了配电网运行监测以及配电网改造评价的新思路，为电网企业提升配电网运行维护能效、提升大数据应用水平具有重要价值和意义。

作者

2020年7月

目录

1

概　述

1.1 配电网运维监测简介

1.1.1 配电网运维监测背景

随着电力体制改革不断深化、政府监管日趋严格，对配电网运维模式的升级，进而推动企业效率提升以实现电网高质量发展，提出了新的更高要求。在化石资源日趋紧张的今天，继续依靠资源要素投入、规模扩张的发展模式将不再是电网发展的最佳选择，必须始终坚持以高质量可持续发展为根本要求，依靠效率驱动，推动管理转型升级。实现管理方向上突出精益，在发展上精准投入、注重产出，流程上精简环节、优化提升；工作方法上突出效率，构建精益管理和监测体系，确保各层级、各业务科学管控、有机衔接，提升发展质量和投入产出效率。开展配电网运维检修监测工作，为管理精益化提供数据支撑，为企业管理决策依据。

相对主网，配电网薄弱问题一直较为突出。配电网运维监测分析与应用，着重聚焦配电网发展不平衡不充分问题，将安全、优质、经济、高效的新发展理念，贯穿配电网规划设计、建设改造、运行维护、营销服务的全过程监测业务中，通过实施网架构建完善等13项重点工程，为加快建设安全可靠、经济高效、灵活先进、绿色低碳、环境友好的一流现代配电网提供数据支撑和成果验证，对转变配电网发展方式、推动企业提质增效，具有重要意义。

电力大数据作为经济发展的“晴雨表”，将为电网企业带来新一轮商业模式的转变和价值创新。电网企业应适应大数据发展的潮流，创新构建基于大数据分析的配电网高质量发展监测体系，查找管理短板并加以改进，挖掘提炼管理优势，在营配末端业务协同、供电可靠性提升、频繁停电管控、配电网运行管理与分析、工程停电管控等方面加强业务管控，推动配电网高质量发展和精益化管理。

作为优化营商环境推广单位，电网企业应通过强化客户服务，以提升客户“获得电力”满意度为目标，精准发力，推动客户“获得电力”更省力、更省时、更省钱。强化问题意识，结合地方实际，聚焦环节、时间、成本、供电可靠性等关键要素，找准自身差距和短板，突出整治重点，精准施策，持续改进客户办电服务水平。并且利用新理念、新方法、新技术驱动服务创新，从根本上推动服务方式变革、服务手段完善、服务流程优化，持续提升服务能力。抓住当前电力改革契机，主动融入地方优化营商环境工作，解决电网规划路由、掘路施工等外部环境制约。全面反映用电营商环境情况，为营商环境优化提供有力支撑。

1.1.2 指导思想

围绕国家电网有限公司建设世界一流能源互联网企业的新时代发展战略目标，聚焦配电网发展不平衡不充分问题，覆盖配电网规划设计、建设改造、运行维护、营销服务的全过程，通过实施网架构建完善等 13 项重点工程，按照“目标导向、问题驱动、数据说话、闭环管控”的工作思路，建立“跨专业、跨部门、跨层级”的指标监督体系，开展专项监督并形成工作常态，促进配电网高质量发展。

（1）客户至上，需求导向。围绕实现客户从“有电用”向“用好电”的全面转变，以安全、可靠、稳定、优质供电为目标，抓重点、补短板、强弱项，全面提高配电网电力供应能力、故障恢复能力、需求响应能力和可持续发展能力，切实提升客户用电体验。

（2）目标引领，标准建设。强化顶层设计，严肃规划刚性，按照“统一规划、统一标准、安全可靠、坚固耐用”要求科学制定目标网架和建设标准，落实项目前期“一图一表”、设备选型“一步到位”、建设工艺“一模一样”、管控信息“一清二楚”等要求，全面提升配电网建设改造成效。

（3）精准投资，提质增效。贯彻资产全寿命周期理念，坚持“差异化”原则，落实“三个一次”（导线截面一次选定、廊道一次到位、变电站土建一次建成），充分挖掘现有电网潜力，深化投资效益科学量化分析，避免过度投资和无序建设，推进“投资驱动型”向“提质增效型”转变。

（4）统筹协调，补强短板。统筹考虑城农网发展需求，推进城网可靠性提升、农网再电气化工程，提升城乡电网协调发展水平。重视配电网保护、通信、自动化等二次系统建设，提升智能化水平，推进一、二次协调发展。补强精细规划、精准投资、精益管控信息化支撑短板，综合运用大数据和人工智能等新技术手段，推进规划建设、调控运维、优质服务管控模式变革。

（5）协同推进，闭环管控。贯彻“一盘棋”工作要求，建立健全无交叉、无空白、无缝衔接的协同机制，信息共享、资源共用、问题共知、措施共识；深化量化评估、动态评价和全寿命周期评价，全过程管控、动态优化完善，合力推进各项重点任务落地见效。

1.1.3 配电网运维监测原则

目标导向：紧盯配电网发展、运维管理、营销服务、智能化管理、物资保障、人员保障，以目标为引领，对户均配电变压器容量、绝缘化率等指标开展分析，按单位区域进行目标缺省值预警，协助专业部门建立目标实施工作计划，辅助领导进行工作决策。

问题驱动：围绕配电网网架结构、供电能力、安全隐患、运维质量、装备水平、物资供应、队伍建设等方面存在的突出问题，以问题为导向，对重过载、供电可靠率、不停电作业率、“卡脖子”等问题定期开展监测分析，通过现场调研核实，深入分析查找问题主要症结，并与专业部门协同提出可操作、有效的改进措施，供各单位执行落实，促进供电服务水平不断提升。

数据说话：开展数据专项治理，根据指标重要性和特点，补充完善行动计划涉及的线下数据；围绕正确性、完整性和一致性，做好增量数据的异动防范和存量数据的异动核改；同时以减轻基层工作量为出发点，针对设备（资产）运维精益管理系统（Power Production Management System，PMS）系统，制定数据质量核查规则，设计并研发实用化工具，发至各基层单位应用，提高工作效率。

闭环监督：针对监测分析工作中发现的问题，结合指标监测工作的开展，利用周例会、月度会平台进行通报，并通过下发协调任务书强化问题跟踪、督办机制，不定期开展“回头看”活动，建立完整的闭环监督工作机制，提升行动计划执行效果。

1.2 电力大数据的概念及价值

电力工业作为国家重大的能源支撑体系，应用领域越来越广泛。而环境监管要求的日趋严格以及各国能源政策的调整，对电力系统提出了节能、绿色、安全、自愈、可靠运行的要求，传统的电力网络已经难以满足这些要求。随着互联网、云计算、物联网技术的应用与普及，大数据应运而生，“电力+大数据”成为电力系统应对新需求、新形势的出路。

1.2.1 电力大数据的基本概念

电力大数据主要是指在智能电网运营过程中产生的海量数据，既包括电网调度数据、设备运维数据，也包括用户用电数据等。数据通过部署在设备上的传感器、用户家中的智能电表、客户反馈等数据源产生，并汇聚到数据中心统一存储管理。电力大数据是智能电网稳定发展、可靠、高效运行的重要支撑。电力大数据价值挖掘是促进电网精益化管理、优化电力生产调度、建立用户用电行为模型的基础支撑。电力数据在行业内部主要包括电力生产和服务的各环节数据，从发电、输电、变电、配电、用电到调度，每个环节都会产生海量数据，这些数据一起构成了多源、异构、多维、多形式的电力数据资源。电力大数据的基本特征表现为：

（1）体量大。随着智能电网的快速发展，电网智能设备终端的部署越来越密集，采集的数据量激增；常规 SCADA 系统按采样间隔 3~4s 计算，10000 个采集点一年能产生 1.03TB 数据；国家电网有限公司的 2.4 亿块智能电能表，年产生数据量约为 200TB；而整个国家电网有限公司信息系统灾备中心的数据总量，接近 15PB。不仅仅如此，地理信息系统（Geographic Information System，GIS）、电网能量管理系统（Energy Management System，EMS）等系统也在随时产生、传输与存储数据，而且随着电能应用领域的不断拓宽与电力信息化的不断深入，电力数据正在以前所未有的速度增长。

（2）类型多。电力生产、销售等环节会产生大量结构化和非结构化数据；在我国，由于各级电力调度中心在信息化建设过程中，各单位、各部门是以阶段性、功能性的方式推进，缺乏数据输出的标准化规定，导致电网从诞生之日起，就积累了大量采用不同存储方式、不同数据模型、不同编码规则的电网参数，这些数据既有简单的文件数据库，也有复杂的网络数据库，其构成了电网的异构数据源。

（3）速度快。电力运营数据的采集响应速度非常快，终端数据量快速增加，对数据存储系统有较高的要求。

图 1–1 为电力大数据流转示意图。

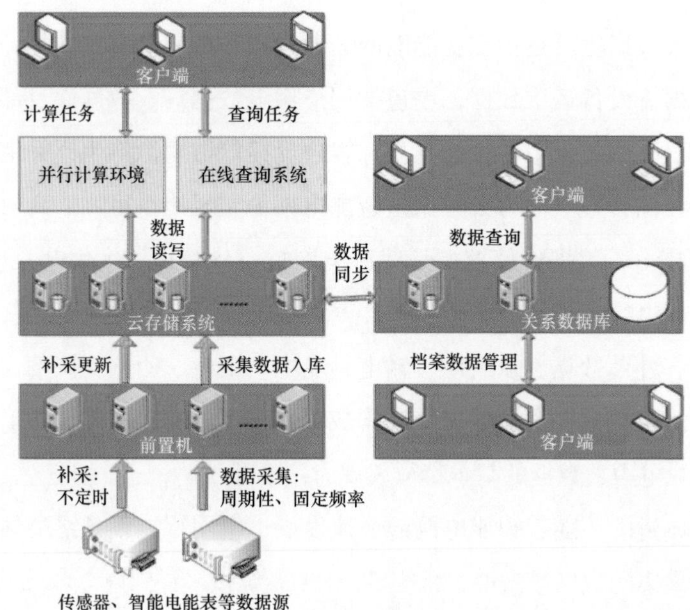

图 1–1　电力大数据流转示意图

支持分布式挖掘算法是电力大数据分析的关键，通过分析建模、模型运行、模型发布等功能，满足高效的数据挖掘分析需求。电力数据挖掘常用方法包括传统数据统计分析、多维分析、逻辑回归算法、回归分析、聚类算法、关联分析等。除此之外，还经常使用分类算法、演化分析、异类分析等预测性挖掘算法。针对电力各环节大量存在的文本、视频、图片等非结构化数据，多采用文本分析、图像分析、语音分析等算法加以处理。数据挖掘在电力行业的应用场景有电力负荷预测、设备重过载预警分析、配电网故障抢修分析等。

1.2.2 电力大数据的价值

电力大数据的价值在于通过挖掘数据之间的关系和规律，在保证供电充裕度、优化电力资源配置以及辅助政府决策、能源利用等方面将会产生颠覆性作用：通过电力用户特征分析发现用电规律，从需求侧预测电能供给，从而指导电力生产，改变现有通过粗犷式一定量的备用电容应对紧急情况的方式，增加电能的利用率。同时，通过用户用电习惯分析，也有利于电力营销的进行。通过电力大数据可以清楚地知道全国电网的分布情况与电力使用情况，发现电网布局或者发、输、变电环节的不合理现象，让政府的相关决策以数据为基础，让电网更科学、更智能。电力大数据因其全生命周期性、全系统覆盖的特征，能通过数据发现电力生产与电力服务之间的问题，预防大规模停电的发生，在保证供电稳定性以及灾害天气时电力的恢复速度方面，提供了坚强后盾。电力系统作为生产、生活中必不可少的基础能源系统，是构筑绿色、节能、便利的智慧城市系统和发展“一次性能源的清洁替代和终端能源的电能替代”的大能源系统的枢纽环节，精准的电力大数据无疑是该枢纽中的“核心”，起着“牵一发而动全身”的作用。

1.3 大数据技术在配电网中的应用意义

电网运行安全可靠性至关重要，同时需要有足够的提供优质电能的能力，配电网整体运行管理高效经济，且有足够消纳分布式能源的能力，这些是配电网发展的趋势所在。电网运行的各方面相互独立却又互相矛盾，比如运行可靠性和经济性，需在运行经济性和运行可靠性之间寻找一个平衡点以保证配电网安全经济运行。所以，从电网角度，为达到安全、可靠、经济、绿色等方面运行性能最佳，各方面因素都需要有自身独立的决策方案，这些方案的提出依赖于数据的支撑；同时，为了保证电网整体效益最大化，各决策方案还需要有机的结合，这也需要大量的数据支撑，通过数据指导网络运行管理中的焦点，在各个性能方面追求平衡；甚至，可以根据电网运行的不同阶段或时期，动态调整电网运行管理目标。

随着电网的发展以及电力市场的开放，潮流的双向流动使得更多的负荷参与到电网的运行、管理和结算中来。负荷不再是传统能源消耗者和接受者，更多的负荷同时扮演着能源提供者角色，这些改变对电网自身的运行和管理造成巨大影响，处理不当会严重威胁电网安全稳定运行，在电力市场背景下会影响电网效益或用户收益。但是，用户角色改变的方式、程度和交互性可以通过对用户电能数据分析清晰看到，分析结果也可能作用于用户，刺激着用户根据自身用能需求调整用电模式或者配合电网调整潮流，从而改善用电效率，实现自身用能成本最小化和供电收益最大化。所以，通过海量数据拉近负荷和电网之间的距离，使得两者共同参与到智能电网的建设中来，实现各自利益最大化的双赢局面。

电网企业要提升核心竞争力，应主动运用电网大数据，形成一种数据思维。基于这种新的数据思维方式，在深入剖析大数据全量监测理论深入剖析的基础上，以配电网运行监测为典型应用场景进行了探索实践，提出配电网运行全量、在线监测方法。研究配电网运行监测实现技术，构建配电网运行监测功能架构及综合关联分析模型，提供配电网运行监测以及配电网改造评价的新思路。

2

配电网高质量发展监测体系

配电网经过多年发展，取得了显著成就。随着人民群众从“用上电”到“用好电”的观念转变，配电网发展不平衡、不充分的问题依然突出，现在的供电安全可靠性与服务能力离社会要求和群众期盼还存在差距，配电网规划手段及方式方法距离满足电网精益发展、投资精准管控的要求也存在差距。

目前配电网运营监测体系存在的问题有：

（1）关键监测指标来源于影响配电网发展的同业对标指标体系，部分指标分解细化难度大，导致无法开展有效监测。

（2）配电网运行专题监测体系不够完善，整体以客户至上、目标引领、精准投资、统筹协调、协同推进为指导思想，其成效好坏的标准是各项目标是否按期实现，而目标实现的关键是问题的发现、分析和解决，基层单位的工作执行缺乏科学指导。

（3）数据支撑不够，数据是配电网高质量发展规划制定、推进、实现的基础，也是抓手。数据的全面与否、质量好坏直接关系着发展规划的推进，但是目前配电网基础数据质量存在数据不全、数据质量不高等问题，这些数据问题不但增加基础工作量，从而影响工作效率，且容易误导目标和问题分析。

（4）目前已建立常态协同工作机制，但由于涉及部门多且业务交叉，部分问题的分析和整改不及时，缺乏闭环的协同工作机制。

因此，上述客观条件会影响配电网高质量发展监测工作的统筹推进及指标的可持续提升，一定要将安全、优质、经济、高效的发展理念，贯穿配电网规划设计、建设改造、运行维护、营销服务的全过程，逐步实现配电网结构好、设备好、技术好、管理好、服务好。

2.1 省级配电网运营监测组织体系

在规划研究阶段，建立各个单元评价数据指标、各个专业现状问题及新增用电需求档案，统筹各专业需求，形成统一的规划目标及解决方案；在项目实施阶段，要紧密联系相关专业及实施部门，加强电网规划到实施的过程管控；在成果检查阶段，开展配电网规划项目实施前后对比，分析是否达到预期目标，客观评价规划成效；与各地区各地市政府签署战略合作框架协议，为营造与政府良好的合作关系、保障规划项目落地、促进电网高质量发展奠定坚实基础。以下以国网宁夏电力有限公司（简称国网宁夏电力公司）为例介绍省级配电网运营监测组织体系。

2.1.1 组织架构

国网宁夏电力有限公司互联网部结合自身业务特点及资源配置现状，建立了符合监测业务发展的组织架构体系。建立贯穿省、市两级的监测体系，形成有机配合，在职责定位各有侧重，业务管理与数据信息纵向贯通，异动与问题分级管理、分层负责，督促基层单位和部门之间的配合，分层协调解决监测分析发现的问题。组织架构体系如图 2-1 所示。

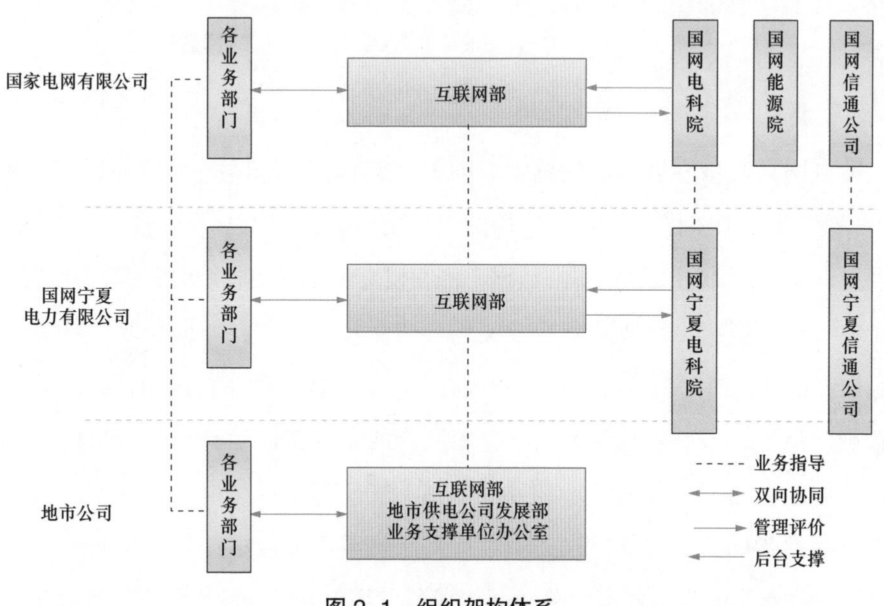

图 2-1 组织架构体系

省公司互联网部重点监测本单位配电网运行情况和主要指标，围绕业务纵向管理与横向协同质量、电网运维效率、配电网数据质量等开展监测分析，主要关注业务合规性、准确性、及时性和数据完整性、一致性、准确性，负责对业务源头性数据质量进行验证、核查、评价、考核，并延伸至地市公司层面。协助总部互联网部开展协同分析诊断、“大数据”挖掘工作。地市公司互联网部对本单位及所属县公司配电网运行情况进行监测、分析与控制，重点包括配电网运行指标、营商环境、配电网停电、营配调贯通、供电服务质量等，并为总部和省公司开展监测与分析提供业务执行层面的基础支撑。配电网监测总体框架如图 2–2 所示。

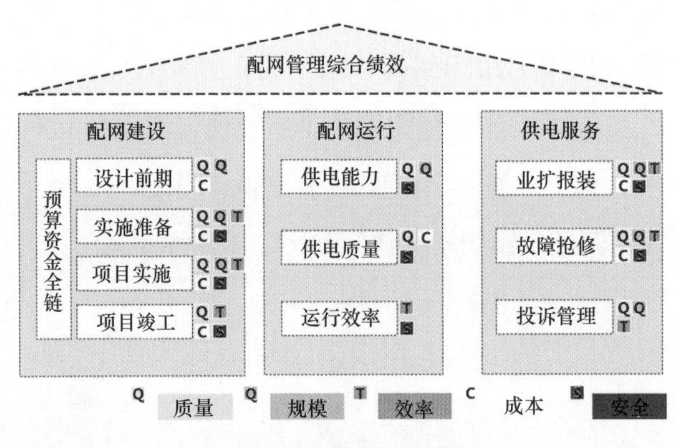

图 2–2　配电网监测总体框架

配电网高质量发展监测的总体原则为：①综合实际情况，引入先进监测管理理念，设计出创新、独特、适用的一整配电网监测方法，为配电网高质量发展提供经验；②深入挖掘明细数据，仔细研究配电网数据质量、运行管理标准、业务运行规律，形成贴近业务实际的监测规则；③在数据获取、异动分析、根因挖掘、协同提升等方面，形成高效、实用的常态运行机制，确保配电网监测落地、扎根。建立各方共同应用监测成果的协同运转机制，互联网部重在典型问题通报、数据管理和效益挖掘。安质部加强停电信息管理，提升供电可靠性指标。设备部重在透明掌握基层班组设备停电信息，加强设备运行管理，优化降低设备停电。营销部加强用采装置管理和频繁停电投诉分析。

2.1.2 职责定位

（1）定位：互联网部积极贯彻执行国家和上级单位有关规定及工作部署，推动坚强智能电网与泛在电力物联网的相互融合发展。

（2）职责：互联网部主要负责能源互联网建设相关业务以及能源互联网相关的信息化、大数据、人工智能等重大项目建设和运行管理工作。互联网部承担配电网高质量发展战略执行监控、运营分析评价、经营管理异动预警及协调解决职责，为决策部署提供支撑，为各部门提升专业管理提供支持。

全面监测业务方面，互联网部立足第三方开展独立监测，对主营业务活动、核心资源以及业务流程的明细数据开展实时在线监测及自动预警，同时按照要求，对“一口对外”服务、“五位一体”机制运行、资产全寿命周期管理等重要业务开展情况进行监测监督，开展业务流程运转的动态监测、运行评估，提出业务流程的优化建议；各业务部门按照专业管理要求开展内部业务管控。运营分析业务方面，互联网部，以问题为导向、通过开发在线计算、在线分析模型和工具，重点开展在线分析工作，为经营决策提供有力支撑；各业务部门自行开展专业精益化分析，并为综合分析提供专业分析支持。协调控制业务方面，互联网部围绕运营工作，基于全面监测与运营分析发现的问题和异动，开展协调控制工作及专项协调控制工作。全景展示业务方面，互联网部为公司层面管理成效、发展成果、经营业绩和责任实践的集中展示部门。互联网部整合管理运营数据资产，包括数据接入、数据质量监测与评价考核、数据资产价值挖掘等；各业务部门是本专业数据资产的管理部门，产生数据资产并负责本专业数据资产质量管理，确保数据及时、完整、准确；信息部门负责对数据进行技术支撑与保障。

2.2 多角度专题监测模型

为确保配电网高质量发展，快速准确实行，针对配电网指标从多角度展开监测，包括项目全过程、配电网运行全方位、配电网供电服务全视角等。

2.2.1 配电网项目全过程监测模型

通过多年实践，配电网多角度专题监测模型建设卓有成效，全过程、全方位监测的宽度、分析的深度及对配电网项目管理的推进管控能力不断加强，一套行之有效的监测方法和管控机制逐渐形成。配电网项目全过程监测规则如图 2–3 所示。

设计前期阶段	实施准备阶段	项目实施阶段	项目竣工阶段
可研初设批复不及时	物资需求上报不及时	土建开工不及时	物资结算不及时
招标采购上报不及时	物料供应不及时	土建验收不及时	工程结算不及时
中标通知书下达不及时	开工不及时	电气验收不及时	审计不及时
合同签订不及时		完工投产不及时	财务决算不及时

图 2–3　配电网项目全过程监测规则

梳理流程网格，确定关键监控，梳理判定规则，重点关注项目监测执行进度及整体执行规模。项目全过程监测主要依托自主开发的运监数据核查工具开展监测业务，自下而上进行数据加工处理及项目管理指标计算，反映项目管理各类具体工作开展情况和存在问题，从 18 个业务关键节点对项目管理过程进行实时监测。实施两级运监协同工作，充分发挥地市运监的优势，达到了促进项目管理更加规范、跨部门衔接更加顺畅、系统项目数据更加完整的目标，项目精益化管理水平进一步提升。配电网项目全过程监测重点环节如图 2–4 所示。

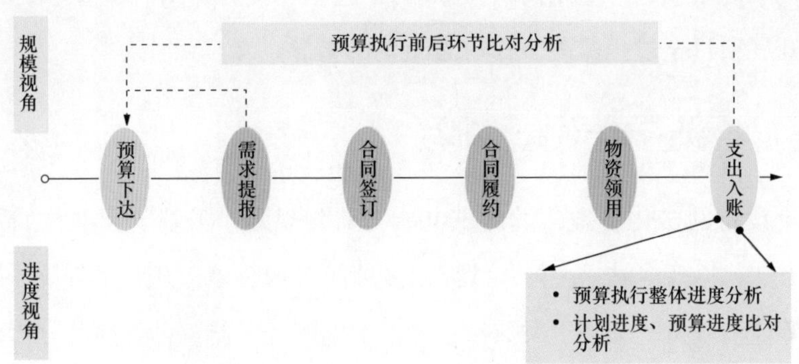

图 2-4　配电网项目全过程监测重点环节

目前配电网多角度专题监测覆盖宁夏电力有限公司及所属地市公司互联网部，随着多角度专题监测水平不断提高，协调管控能力不断加强，对项目管理水平提升作用显著，为加强项目管理，提供了可靠依据，促进项目管理精益度进一步提高，依法治企能力进一步提升。项目全过程监测流程节点如图 2-5 所示。

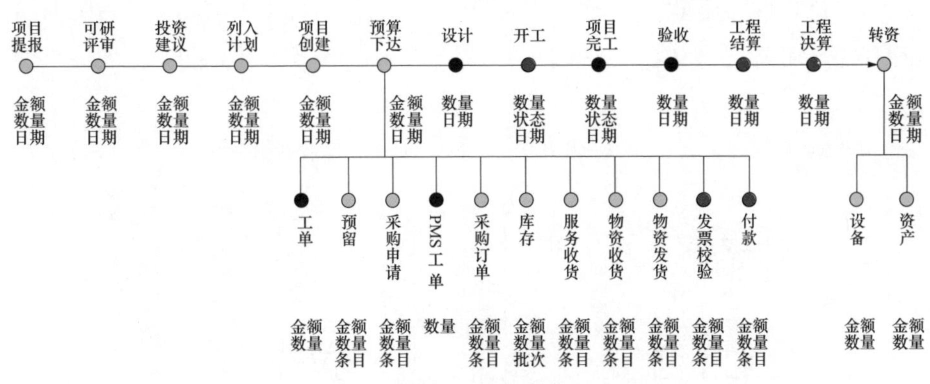

图 2-5　配电网项目全过程监测流程节点图

开展配电网项目多角度专题监测以来，为项目管理单位及部门提供了重要的参考依据，企业资源规划（Enterprise Resource Planning，ERP）系统数据质量得到了进一步提升，建立了分工明确、协同配合的闭环管理工作机制，对确保综合计划有序实施、规避企业经营风险及提升依法治企水平起到重要作用，同时项目管理精益化水平也得到了进一步提升，对各级互联网部统一规范的开展项目全过程监测工作有着重要的指导意义。

2.2.2 配电网运行全方位监测模型

基于设备网格化管理，设计供电能力监测规则：①基于标准化的判定规则设计方法，以变电站、台区、线路以及业扩等为对象，开展超负荷、超载以及容量等监测分析；②基于大数据，探索配电网变压器重过载预警分析。利用GIS信息，展示供电质量监测过程。基于用电信息采集、95598热线、公用变压器在线监测和PMS等系统数据，挖掘台区（公用变压器）相关字段信息，形成台区信息库，并将停电次数、故障工单信息、线路重复停电信息等供电服务重点关注内容和试点区域的配电网大修改造项目与之进行关联，以地理信息图的形式，展示试点单位的台区地理位置信息，并对台区基本信息、工单信息（含95598故障工单和各单位分流工单）、项目信息等内容开展监测分析。基于设备利用，开展配电网利用效率监测。配电网利用效率主要监测配电网线路和公用变压器的利用效率情况，以发现配电网设备运行效率低下的问题，并为配电网建设和运维提供整改依据。配电网运行全方位监测体系如图2–6所示。

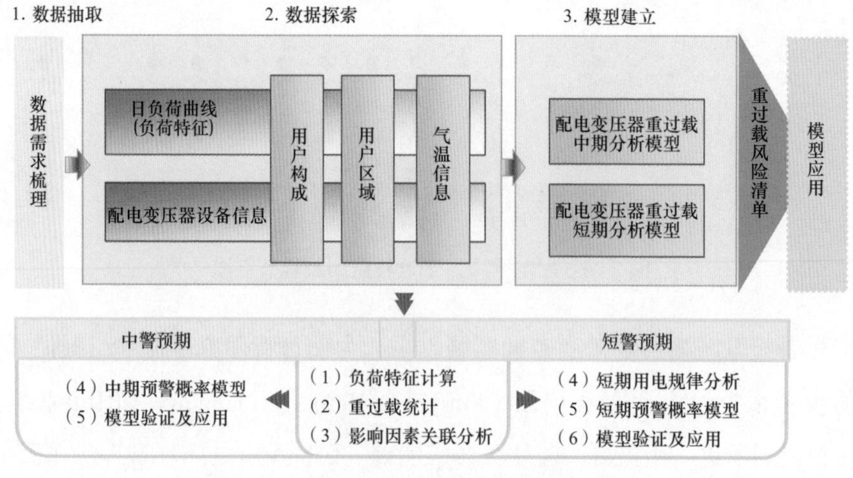

图2–6 配电网运行全方位监测体系

2.2.3 配电网供电服务全视角跟踪监测模型

电能为一种即产即需且无法大量储存的能源，为了供应足够的电力，电力行业往往必须为满足用户用电最高需求量而增设各项供电设备，以求供应充足且稳定的电力品质，但这也增加了额外的成本，为使用电负载均衡以便于降低成本，提高电能需求量管理水平势在必行。鉴于此，电网监测工作现在已成为迫切的需要。

针对配（农）网分布点多面广、分散、运维监控手段不足等现状，需要进一步转变电网运维观念，利用信息化手段、大数据技术进行数据挖掘与分析，主动适应当前竞争形势、巩固竞争优势，实现我国“获得电力”指标持续提升。通过获取用电信息采集终端设备记录的停电事件、上电事件和电能表记录的电压、电流等信息，配合电网 GIS 系统拓扑模型、单线图，实现对电网停电的定位、故障推演、影响范围、频度的分析。

2.2.4 配电网多角度专题监测模型的实践效果

（1）实现配电公用变压器台区从面到点的穿透监测分析。通过在线监测分析，可以具体到每一条线路、每一个单体设备，更及时、更精准地发现配电网运行的问题。实现对配电网运行监测从静态到动态的转变。通过系统，可以计算每一年、每一月、每一天、某一个时间段的运行效率，并对全量或者某个供电台区进行效率计算，这对配电网运行监测分析具有非常重要的意义。

（2）挖掘台区负荷变化特征规律，为配电网安全运营提供分析支撑。各类电采暖设备在配电网大规模应用后，通过“煤改电”台区负荷、电流、电压等实时数据，结合外部气象环境数据，实现对各台区及主要配电网线路负荷变化情况的深入挖掘分析，及时掌握煤改电台区、线路负荷变化及分布情况，重点监测重过载及轻载台区与线路，对配电网安全运营实现有效支撑。例如，对于已完成“煤改电”改造的地区，轻空载现象较为严重，若轻空载在未来一段时期内持续存在，可考虑在“以电代煤”的基础上进一步推进电能替代工作，例如以电代气、以电代油，试点探索电气化厨房及电气化出行，进一步提高台区运行效率，带来电量增长，起到更好的节能减排宣传示范效应。

（3）实现跨部门、跨业务、跨系统的数据接入与融合。涉及 PMS 系统、EMS 系统、用电信息采集系统、营销业务系统、一体化规划设计平台，以及结构化数据平台、海量数据平台等多个业务系统，后续还需接入 GIS 系统数据，对数据集成和融合度要求高。

2.3 配电网运行数据治理

数据治理是指从使用零散数据变为使用统一主数据、从具有很少或没有组织和流程治理到企业范围内的综合治理。它是一种关注于信息系统执行层面的体系。

2.3.1 数据治理的发展

20 世纪 90 年代以前，国外企业在数据治理方面存在很多问题，IBM 和摩托罗拉就是典型代表。1992 年之前，IBM 在数据治理方面存在很多问题，没有明确的可依赖的数据源，没有明确的数据所有人，数据质量差。1995 年，IBM 梳理并制定了业务数据标准，定义了 15 大类业务标准、79 个分类子业务标准，这样全公司看到的是一个统一的业务定义；2004 年，IBM 制定了数据责任人体系，并联合业界多家公司和学术研究机构，成立了数据治理论坛，制定包括四大领域 11 个要素的数据治理框架和方法，来指导数据治理工作的开展。2005 年成立了数据治理委员会，之后又成立数据审核委员会。通过数据治理，IBM 简化了基础架构，并降低了管理的复杂度。同样在 20 世纪末，摩托罗拉提出了“6Σ”管理策略，包含定义、测量、分析、改进、控制的 DMAIC 流程，初期用于解决产品、服务质量问题，后来也在解决数据质量方面得到很好的应用。

近几年，IBM 开展大数据治理研究，提出了 18 步大数据治理统一流程模型，并应用于电信、零售、金融和公共交通等行业。目前，国内电力行业开展的数据治理工作主要包含两大类，一类是处理现有业务环节的数据质量问题，如营销稽查；另一类是针对业务主题应用的数据治理，如营配贯通、运检中心的数据质量评价。随着对数据资产认识的不断清晰，电力行业数据治理的目标也在发生转变，中国电力科学研究院已开始着手数据治理体系的研究。可重构计算机系统的优点是，在其系统连接中不仅能够通过高速光纤网络将每个处理单元相互连接，使其成为拥有着能够核心处理信息数据的重要功能，还能够对各个模块中数据进行处理和模块之间的传输，实现良好的系统计算功能，确保系统内部信息处理和运输便捷。对于嵌入式计算机来说，一般的计算机系统存在着一定的缺点，例如，实际安装复杂、系统运作不灵活、无法及时更新系统软件、计算机资源利用率低等；而动态可重构技术在嵌入式计算机运行中，不仅能够避免一般计算机系统运行中存在的缺点，还能利用计算机内有限信息资源进行重新组合，增加计算机硬件和软件自身的可扩展性、高灵活性、高性能的处理结构。在该技术系统中，会根据计算机中央信息处理器所提供的具体任务要求，对内部的数字逻辑资源进行动态配置，选择适合任务要求的最优组合。

与此同时，为实现计算机芯片内部的信息交换和记录网络的目的，将加强 IP 核之间的连接、点对点的通信连接。在现场可编程门阵列中，为计算机系统加入了可重构接口和微处理核，给予系统更多的重配置和自主控制，提高计算机芯片内的交互网络的扩展性。此外，降低嵌入式计算机系统的开发风险和周期，也是动态可重构技术应用的重要一点，则 IP 重用技术将成为应用中的关键。IP 重用技术的使用，将影响到计算机系统能否控制现场可编程门阵列内部芯片的基础组件，进行终端控制器等任务，一旦 IP 重用技术使用顺利，不仅能使计算机系统的可复性增强，还便于快速开发适应更多类型的嵌入式计算机系统。

伴随着嵌入式计算机的迅速发展，对计算机内部的数字逻辑系统功能复杂化的要求越来越高，而一般的计算机系统显然不能再满足其未来发展的需求，可重构技术显然更加适合现代计算机的发展。可重构技术在嵌入式计算机中的应用将成为计算机未来发展的关键，其能够真正做到将计算机内部资源的利用率提高，合理配置数据路径，让嵌入式计算机系统实现更强大的逻辑设计，拥有更好的发展前景，促进计算机行业的长远发展。

2.3.2 数据治理的目标

目前，国家电网有限公司范围内各单位陆续开展了一系列大数据的研究试点工作，但大多是集中于大数据平台的技术研究实现，在应用方面多数是基于 PMS 系统、营销系统、用电信息采集数据的相关应用业务探索和尝试，而在大数据应用机制以及基础数据治理上开展的研究工作较少。

数据治理的目标是提高数据的质量（完整性、规范性、一致性、准确性、唯一性和关联性），保证数据的安全性（保密性、完整性和可用性），实现数据资源在各组织机构部门的共享；推进信息资源的整合，对接和共享，从而提升信息化水平，充分发挥信息化的社会效益和经济效益作用。

2.3.3 数据治理的工作思路

（1）目标导向：紧盯配电网发展、运维管理、营销服务、智能化管理、物资保障、人员保障，以目标为引领，对户均配电变压器容量、绝缘化率等指标开展分析，按单位区域进行目标缺省值预警，协助专业部门建立目标实施工作计划，辅助领导进行工作决策。

（2）问题驱动：围绕配电网网架结构、供电能力、安全隐患、运维质量、装备水平、物资供应、队伍建设等方面存在的突出问题，以问题为导向，对重过载、供电可靠率、不停电作业率、“卡脖子”等问题定期开展监测分析，通过现场调研核实，深入分析查找问题主要症结，并与专业部门协同提出可操作、有效的改进措施供各单位执行落实，促进供电服务水平不断提升。

（3）数据说话：开展数据专项治理，根据指标重要性和特点，补充完善行动计划涉及的线下数据；围绕正确性、完整性和一致性，做好增量数据的异动防范和存量数据的异动核改；同时以减轻基层工作量为出发点，针对PMS系统，制定数据质量核查规则，设计并研发实用化工具，发至各基层单位应用，提高工作效率。

（4）闭环监督：针对监测分析工作中发现的问题，结合指标监测工作的开展，利用周例会、月度会平台进行通报，并通过下发协调任务书强化问题跟踪、督办机制，不定期开展"回头看"活动，建立完整的闭环监督工作机制，提升行动计划执行效果。

基于大数据分析的配电网高质量发展监测体系建设实践活动，以价值为导向及时研判配电网高质量发展中存在的问题，跨越专业、透视业务，持续改进配电网管理薄弱环节，不断提升配电网管理精英化水平，实现配电网自上而下的高效管理，主动分析发现电网运营问题，准确掌握配电网运营实际情况，避免"上下信息不对称""指标好看"等管理缺陷。同时积极探索大数据分析技术在配电网高质量发展监测中的作用，科学建立大数据分析模型，开展集配电网运营指标监测、配电网停电监测、营商环境监测等全方位、多角度的监测体系，助力"建设世界一流电力能源互联网企业"的战略目标的实现。

2.3.4 数据治理的实施方法

坚持"用数据说话"理念，以最佳实践引领运监工作创新发展，通过推进数据中心分析域建设，优化固化运监工作机制，深化监测业务常态运行，强化指标监测、业务监测、电网运营监测。

（1）持续深化监测业务常态运行。

1）通过Tableau、数据核查工具、运营指标在线监测系统以及大数据平台等技术支撑手段，实现了对综合计划、关键流程、核心资源涉及的32项监测主题、221张宽表数据自动抽取上报。

2）项目全过程专题监测及评价常态化，编写《公司各类项目管理问题示例及提升措施》，规范项目管理。

3）基于财务科明细数据及ERP系统应用，开展生产设备、固定资产处置管理、固定资产折旧及已提足折旧资产管理，基于日常输变配电网运维检修业务，通过对PMS、ERP等系统中海量电网设备数据的整理挖掘，开展设备状态及运维专题监测，促进资产设备运维管理。

4）积极开展报销资金流向监测、应收票据收取合规性监测以及长期挂账应收款监测等工作，积极协助业务部门做好风险预警，为做好资金风险预警提供有效的支撑保障。

（2）强化各项监测主题成果应用。

1）强化协调控制作用，针对同期线损治理、营配调集成贯通、项目全过程、“量价费损”、财务管控等14项重点工作，发起协调控制工作任务书，核实整改异动项，编写协调控制异动处理典型案例报告和协调控制分析报告。

2）运用大数据平台、数据核查工具等手段，实现了项目全过程、营配调集成、高压用户同期售电量、业扩报装流程等监测主题固化配置及其他监测业务实时在线监测分析，满足了省、地两级运监业务监测需求，提升了各项业务监测分析效率。

（3）构建业务数据体系。

1）完成ERP、PMS2.0、财务管控、营销业务应用、用电信息采集等14套系统的数据字典梳理完善工作。

2）依托全业务数据中心分析域及大数据分析平台建设成果，结合总部84个业务监测主题验证测试成果，实现了对ERP、PMS2.0、营销业务应用、用电信息采集等系统为主的跨部门、跨业务流程数据分析工作，从数据广度、精度上发挥全量数据价值，为进一步拓展各类监测业务的广度、深度奠定了良好的数据基础。

（4）拓展监测业务深度和广度。

1）开展同期线损监测工作，建立同期线损监测体系，重点开展10kV线路线损、公用变压器台区线损、同期售电量、分区及分压供电量等监测主题，持续监测通报采集质量、母线平衡、计量异常、档案错误等异动问题，着重解决高压用户反向计量、计量点主备表维护错误、户间套扣、高压用户采集表码不全、分区及分压供电量不正确、换表业务流程不规范等一系列问题，促进同期线损管理水平有效提升。

2）持续开展各类生产作业现场实时监测工作，利用移动视频设备开展基建、线路、配电网作业监测。协同安质部对变电站工作票、操作票管理开展监测。共发现高处作业违章、安全工器具使用不规范等 8 个方面的生产作业现场违章 81 起，促进了生产作业现场安全管理效能提升。

3）对车辆基础档案信息、GPS 终端上线率、系统权限配置、派车单填写不规范、节假日无单出车、非指定车辆跨区域行驶、非定点停放等主题开展监测，有效促进了车辆管理水平提升。

4）针对自查发现的问题，适时开展房屋资产管理信息完整性、合规性监测分析、长期搁置及报废资产监测、生产设备资产匹配性监测等工作，督促基层单位及相关业务管理问题整改。

5）开展电网运营效率在线分析工具的部署及应用，拓展 220kV 及以上电网运营效率、供电能力监测，开展变电站运营效率、电网均衡协调度、公用变压器台区运行关联等监测，为电网规划、提升电网运行效率效益提供依据。

（5）强化数据资产统一管理。

1）制订《数据安全保密要求》以及相应配套的数据申请审批单，指定专人对流程单进行审批和登记；对各业务系统、数据中心和平台的权限账户实行痕迹管理，严禁超范围使用业务数据；定期对数据使用情况进行检查，确保安全、规范使用数据。

2）进一步强化数据分析支撑人员管控力度，签订业务数据使用保密协议和业务数据使用承诺书及面试合格后方可使用数据；定期对支撑人员数据操作流程规范性、数据使用安全性进行检查，确保不发生数据丢失泄密事件。

3）指定数据管理专员，对数据管理规范中流程单据进行统一的审批和管理，并按月对数据操作区域中人员的操作行为进行核查，对人员的数据越界访问、进出数据操作区的违规行为进行通报整改，确保各类运营数据安全、规范使用。

（6）推进全业务数据中心分析域建设。

1）完成 ERP、PMS2.0、营销业务应用、用电信息采集、财务管控等 20 套二级部署业务系统全量结构化数据和 EMS、用采、计量生产调度和统一车辆管理平台等 6 套业务系统量测类数据的接入工作。

2）完成 15 套二级部署系统数据模型差异化分析工作，其中 PMS2.0、营销等 11 套系统模型匹配率达到 100%；完成 15 套二级部署系统数据核查工作。

3）完成大数据停电监测分析和重要用户用电服务全方位监测两个场景建设工作。

（7）夯实运监工作发展基础。

1）不断扩大、完善常态监测业务清单，修订《项目全过程监测业务指导书》《生产作业现场视频监测业务指导书》，指导各地市统一规范开展监测工作。

2）健全运监业务工作成效考评机制，细化、量化了常态监测工作成效评价考核。

2.4 监测管理工作机制

监测工作成效关键在于闭环管控的执行情况。一方面针对其他未通报指标，按单位、按区域、按时间进行指标同比、环比、类比，形成全面的监测月报，并转至基层互联网办和专业部门，为行动计划执行目标实现、问题治理，提供数据支撑依据；另一方面对重点问题和目标缺省值严重的指标开展跟踪监测，如数据质量、10kV 分线线损合理率等；同时将各单位监测和工作推进情况列入考评范畴，对各单位指标提升和问题整改情况点评，多措并举促进配电网高质量发展监测管控更完善、更高效。配电网监测流程示意图如图 2–7 所示。

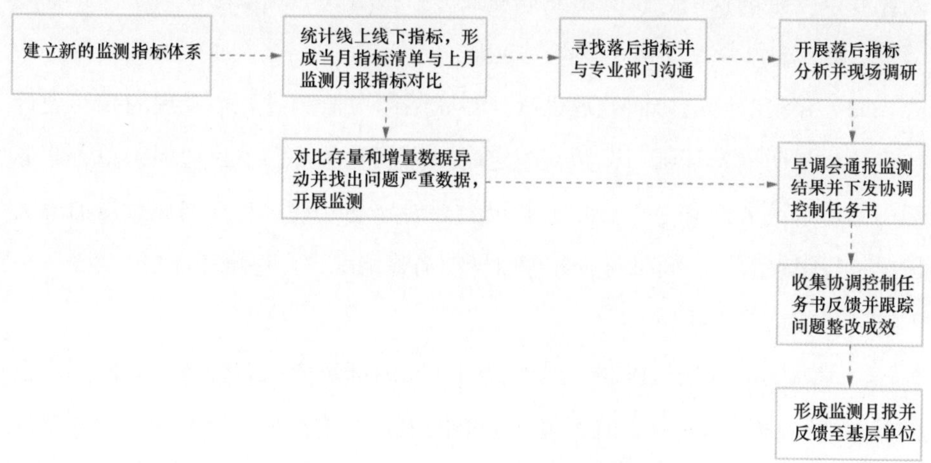

图 2–7　配电网监测流程示意图

全面、准确摸清配电网运行现状，才能明确建设改造目标，为精准施策提供有力支撑。从网架结构、运行方式、负载能力、转供能力等维度，依托“两系统一平台”，研发应用辅助分析功能模块，利用大数据开展网架可靠性理论计算分析，全面掌握配电网现状。重点摸清上一级电源容载比、主干导线截面、供电半径、设备故障跳闸等情况；逐条梳理非标准接线、不满足 N–1 校验、供电半径偏大、设备重过载、三相不平衡等突出问题，为项目需求编制提供依据。

好规划是配电网标准化建设的指南针。可在配电网网格规划基础上，合理优化网格划分，发挥网格“责任田”的属地优势，统一协调，推进网格化网架提升工作全覆盖。

2.4.1 监测管理机制的分类

2.4.1.1 横向协同机制

（1）监测分析业务协同工作机制：由互联网部牵头，各业务部门派专业人员参加，建立运营监测业务监测分析协同工作网络，业务部门专业人员应参加互联网部组织的各类监测、分析会议，并按需求提供相应数据资料，开放业务系统查询权限，按要求完成专业分析报告并与互联网部共享；互联网部将监测分析结果定期向业务部门通报。

（2）异动及问题协同处理机制：互联网部对监测过程中发现的异动进行初步分析，明确责任部门，并在规定时限内向有关部门发出协同工单，业务部门制定解决方案和工作计划，并组织开展异动处理，互联网部对异动解决情况进行跟踪验证，同时对业务部门异动消除情况进行评价和通报。

2.4.1.2 纵向管控机制

（1）纵向信息报送机制。地市公司互联网部每周向省公司互联网部上报《周运行情况报告》。主要内容包括本单位主要运营指标，以及全面监测发现的异动数量、类型及异动消除情况等。地市公司互联网部每月向省公司互联网部上报《月度运行情况报告》。主要内容包括本单位月度运营基本情况，以及全面监测发现的异动及解决情况等。

（2）纵向协同分析机制。省公司互联网部根据运营分析工作需要，向地市公司互联网部发出协同分析要求，地市公司互联网部根据省公司互联网部要求参加有关分析会议，提报相关分析材料，完成相应分析报告。地市公司互联网部开展本单位运营分析需要省公司层面有关材料时，向省公司提出信息资料申请，省公司互联网部及时向地市公司互联网部提供有关信息资料。

（3）重要异动纵向处理机制。省公司互联网部在全面监测过程中发现地市层面重要异动时，立即开展分析，经分析后确认需要地市公司采取相应管理措施的，及时向地市公司互联网部发出异动处理工单，地市公司互联网部及时处理异动，并将结果反馈省公司互联网部。地市公司在全面监测过程中发现重要异动需要省公司层面解决的，及时向省公司互联网部发出异动协调处理工单，省公司互联网部及时协调处理，并将处理结果反馈地市公司互联网部。

2.4.1.3 通报报送机制

（1）分析报告评价通报机制。省、地两级互联网部每日编制《监测日报》，向单位领导报送；每周编制《监测周报》，在单位周领导班子碰头会上通报；每月编制《运营动态》，在单位月度工作例会上通报；根据业务管理需求，适时开展专题分析，编制《专题分析报告》向公司领导报送。

（2）工作例会通报机制。省、地两级互联网部每月定期组织召开本单位月度运营监测工作例会，通报本单位发现的异动数量、类型、主要内容以及消除和处理进展情况，对监测、分析中新发现的异动、问题提出处理要求，对业务部门的问题和异动处理情况进行评价；对本单位数据质量，包括采集率、接入率、完整率、准确率等方面进行通报。

2.4.1.4 工作质量评价考核机制

（1）横向协同质量评价机制。省、地两级各业务部门应及时、准确地向互联网部提供监测信息和数据；按要求参加运营分析工作；对互联网部监测发现的异动和问题认真分析，制定解决措施进行解决。各级互联网部对同级各部门的协同工作开展情况进行评价考核。

（2）纵向业务管控考核机制。省互联网部对地市互联网部、业务支撑单位的各项工作开展情况进行监督检查，对重点工作未完成或者执行不到位的，提出绩效考核建议；省互联网部对各直属单位的协同工作质量进行监督检查，未按要求完成协同工作的，提出绩效考核建议。

2.4.1.5 重要事项督办机制

省、地两级互联网部基于全面监测与运营分析发现重大问题，或者同级单位的重要事项，应按照协调控制流程督促相关部门落实；对完成和处理的结果进行督查，确保督办事项得到落实或持续改善。

2.4.1.6 运营分析调研机制

省、地两级互联网部针对运营分析工作开展的有关主题，开展公司内外部深入调研，确保分析工作能够密切结合内外部环境和公司业务管理实际，不断提高分析质量，提升分析水平。

2.4.1.7 建立监督机制

监测工作成效关键在于闭环管控的执行情况。早调会通报的反馈、数据质量问题的跟踪、问题整改情况的落实、预期目标效果等闭环就显得尤为重要。一方面针对其他未通报指标，按单位、按区域、按时间进行指标同比、环比、类比，形成全面的监测月报，并转至基层互联网办公室和专业部门，为行动计划执行目标实现、问题治理提供数据支撑依据；另一方面对重点问题和目标缺省值严重的指标开展跟踪监测，如数据质量、10kV 分线线损合理率等；同时将各单位监测和工作推进情况列入考评范畴，对各单位指标提升和问题整改情况点评，多措并举促进行动计划监测管控更完善、更高效。

2.4.2 监测管理机制的主要成果

随着经济社会发展、产业结构调整，城市规模越来越大、建设速度越来越快，新的负荷增长点不断涌现，配电网建设已无法适应经济发展新常态，急需开展配电网精确规划，指导配电网建设。本书以中心城区配电网为对象，对其规划介绍如下内容：

（1）深入分析配电网架结构、配电网自动化、配电网通信、电动汽车及新能源、用户及小区配套等方面存在的问题，以问题为导向，结合用户需求，为开展配电网规划奠定基础。

（2）引入“网格化”配电网规划理念，以中心城区域规划为基础，开展配电网详细规划。按照先 10kV 再 110kV“自下而上”的工作方式，以用电需求为导向，以实测负荷为模型，开展差异化负荷预测、网架规划，统筹配电网自动化、通信、保护配置电力管道等内容，形成多元化规划成果，具有做实规划基础、做细负荷预测、做深规划内容的特点。

（3）创新发展理念和方法，确立以满足用户的供电质量为规划目标，统筹城乡配电网规划，采用逐站逐线的方式分析和梳理配电网现状，与市政规划无缝对接，依据城市控制性详细规划，引入空间负荷预测法预测负荷需求和空间分布，将供电区按行政区划和负荷密度分类，设定差异化的发展目标，将规划重点放在中压电网、规划范围延伸至 0.4kV 电网、规划深度至逐站、逐条中压线路，全面提升规划引领作用。

（4）创新应用“统筹发展、网格规划、需求导向、多元接入”的理念与方法，将规划管理中的内外环节进行协调与优化，实现目标、流程、制度、标准、方法、策略的协同高效，提升配电网规划管理精益化水平。

2.4.3 监测管理机制的发展前景

在工作中，要统筹考虑城网和农网发展需求，结合不同供电区域电网发展和多样化用电需求，因地制宜地开展城乡电网差异化规划建设，积极构建以“设备状态全景化、业务流程信息化、数据分析智能化、生产指挥集约化、运检管理精益化”为特征的智能运检体系，提升电气化、标准化水平，推进农村供电服务均等化，满足乡村振兴对电力的长远需求。

规划是决定配电网能否高质量发展建设，进而保证客户服务水平、电力体制改革成效和新兴业态培育的第一个关键步骤。随着市场化改革纵深推进，外部需求日趋多元，配电网规划发展的思维视角、分析范式迫切需要做出相应的调整。得益于智能化业务应用水平的不断提升，配电网高质量发展监测体系在自动化、安全性、可靠性等方面取得了实效，配电网线路故障识别可基本实现自动化，有力地促进了经济发展。

当前情形下，配电网的规划发展不仅是一个微观问题，即不仅仅是配电网规划技术的优化改良和应用，更要用全局性、战略性的视角，将其上升到宏观和中观层面进行分析。

面向未来，配电网高质量发展监测体系不只是电能分配电网络，其隐含的资源属性、产业属性、社会属性等将进一步释放，在资源汇聚与创新、产业孵化与培育、多主体共创共赢等方面的平台价值将进一步发挥。

3

配电网运行指标全方位监测

3.1 基本概念及监测目的

3.1.1 基本概念

配电网是电网重要的组成部分，与广大用户紧密关联，配电网对用户电力可靠供应、促进地区经济发展、保持社会和谐稳定发挥着至关重要的作用。配电网运行指标全方位监测通过结构化数据平台、海量数据平台，接入PMS、营销业务、用电信息采集等系统中电网设备档案及运行类明细数据。对主营业务活动和核心业务资源进行实时、在线监测分析，及时发现并协调解决异动和问题，强化运营数据资产管理，全景展示集团化运作和集约化管理成效，促进安全、有序、健康、高效运营。

全方位监测通过构建监测模型、梳理指标体系、设定指标阈值等方式，围绕外部环境和关键流程五个主要监测对象进行监测体系构建和监测内容设计，其中外部环境监测采用信息采集方式，综合绩效、运营状况、核心资源和关键流程监测采用指标数据在线监测方式，并根据监测内容的不同采用不同的监测方法。全面监测业务需要从横向和纵向同时开展，横向是对资源和过程进行监测分析，纵向是根据卓越绩效管理模式，从企业内、外部管理视角进行监测的管理框架。

3.1.2 监测目的

监测的主要目的是为了提升当前各系统内数据质量。当前数据质量管理的范围包括各源业务系统线上自动接入、线下手工抽取的各类指标数据和从源业务系统实时获取的明细数据等；重点核查自动接入数据，并进行数据溯源、分析和质量评价，以逐步提高数据的自动采集和准确率。制定统一规范的数据质量规则和评价工作流程，并将规则和流程固化到运营监测信息支撑系统。依托系统对数据质量进行在线监测，客观、真实、即时反应数据质量情况。以运营监测数据需求为基础，根据数据实际接入情况，不断丰富数据质量核查规则，完善和提升评价标准，动态调整评价指标，持续优化评价体系，实现以通报评价促进数据及时、完整、准确接入，逐步提升数据质量。

3.2 指标体系构建

指标体系是管理过程中最重要的有机整体，是由若干个反映社会经济现象总体数量特征的相对独立又互相联系的统计指标所组成的有机整体，多个相关指标可以通过其变化反映总体某一方面的数量体征。

如何通过选取指标并确定评价指标体系最终形成一个客观评价业务实际水平，就是监测过程中急需解决的事情。

3.2.1 指标选取原则

配电网运行指标全方位监测的核心问题，是如何选取指标并确定评价指标体系。指标体系是否科学、合理，直接关系到安全评价的质量。为此，指标体系必须科学、客观、合理、尽可能全面地反映影响系统安全的所有因素。

但是要建立一套既科学又合理的安全评价指标体系，首先要按照一定的原则去分析和判断，为此，确立了如下指标选取原则。

3.2.1.1 目的性原则

指标选取要紧紧围绕国家电网有限公司“建设世界一流能源互联网”的战略目标，要充分应用移动互联、人工智能等现代信息技术和先进通信技术，实现电力系统各个环节万物互联、人机交互，打造状态全面感知、信息高效处理、应用便捷灵活的泛在电力物联网，为电网安全经济运行、提高经营绩效、改善服务质量，以及培育发展战略性新兴产业，提供强有力的数据资源支撑，为管理创新、业务创新和价值创造开拓一条新的道路。

3.2.1.2 导向性与科学性原则

导向性原则是指所建立的指标体系必须有准确的科学含义和理论基础。尽量采用网络化、电子化、自动化的监测与评价系统，充分反映配电网的发展目标与工作成效，找出影响和制约配电网在服务中发挥作用的关键因素，充分发挥指标评价的导向性。

指标体系结构的拟定、指标的取舍、公式的推导等都要有科学的依据。只有坚持科学性的原则，获取的信息才具有较强的可靠性和客观性，评价的结果才具有可信性。

本原则对配电网的重点工作及指标的进行量化、分解，建立科学、客观的监测分析体系，常态开展监测分析工作，跟踪和评价行动计划执行情况，及时预警执行偏差，为过程管控提供数据支撑。

3.2.1.3 系统性原则

指标体系涉及预测数据所涵盖的众多方面，各个指标之间要互相依存，互相补充，逻辑联系要比较强，要能够形成一个相对完备的指标体系，全方位、多角度、多层次的反映配电网发展规划与运维检修监测与应用的现状，使其成为一个系统。

（1）相关性。要运用系统论的相关性原理不断分析每个指标之间的内在联系。贴切反映出每个省、市、县、区、乡镇的发展执行情况。

每个指标都要和现场实际相结合，让指标和一线工作密不可分，和大众生活用电、企业用电、商业用电等建立起强关联性。

采用相关性分析方法建立配电网特征指标和电网运行效率指标之间的关联关系，进而提出电网发展规划与运维检修监测分析与应用。

（2）层次性。配电网运行指标监测的目标是一个目标系统。概括地说，因为空间的不同，配电网运行监测的目标有总体目标和具体目标。

总体目标：通过监测手段辅助完成配电网高质量发展。

具体目标：老旧电网升级改造，电网设备高效率运行发展，智能化管理电网等。

电网发展规划目标的层次性决定了指标的层次性。指标内容的层次性也是由电网运行规律所决定的。指标的选取要在满足目标实现的前提下，为满足人们日益增长的对美好生活需求的向往而服务。为此，目标的选取必须分层次，按阶段、有序完成监测，完美贴合工作要求和实际情况。

指标体系要形成阶层性的功能群，层次之间要相互适应并具有一致性，要具有与其相适应的导向作用，即每项上层指标都要有相应的下层指标与其相适应。

指标选取的层次性具体表现为，在指标内容上，要体现由低到高逐步深化的层次顺序。在配电网运行指标监测中，按问题性质分类，第一个层次是运行问题，即运行质量、数据质量、客户方面等；第二个层次是具体化问题，即对大型设施设备的构造组成，如设备运行年限、负载率、装备指标、开关设备等；第三个层次是细化问题，即将问题责任划分明确，如配电变压器平均负载率、10kV 线路平均负载率、导线投运年限、农村低压台区四线占比等；第四个层次是指标可量化，用真实数据准确反映，用以解决实际问题，即已明确问题指标的数据类型、大小、要求等。

（3）整体性。系统是由若干要素组成的具有一定功能的有机整体，各个部分作为系统子单元的要素组成系统整体性后，表现出整体的性质和功能。系统要素之间的相互作用，既存在大量线性相互作用，也存在着非线性相互作用。线性相互作用使得各部分的相互作用进行功能叠加，非线性相互作用使得各部分的相互影响、相互制约，形成了系统整体性。配电网运行指标的选取，作为一个系统，点多面广，组成要素复杂，时限性强。指标构成规模大，项目周期性强，管理难度大，如何实现指标全方位监测，如何辅助管理好电网高质量发展运行，是摆在指标选取中的一项重中之重的工作，所以必须利用系统整体性原则，从项目的可行性研究估算、初步设计概算、项目中的可量化指标、财务决算等一系列过程进行有效监测，抓好电网工程造价的各部分有效指标，从而实现项目的整体发展监测。

配电网运行指标监测贯穿电网工程建设和发展规划的全过程，不同阶段的指标对整个电网发展的影响是不同的。综合评价电网发展各阶段对工程造价的影响程度，应重点加强项目进度、业扩报装、软硬件设施设备的监测。指标选取应重点突出，在现有工作的基础上，充分利用价值理论，合理确定工作理念，充分做到尊重员工、关心员工、激励员工。在管理方面做到尊重监测站工作人员的个人发展，为员工开展工作创设良好的环境。在员工自我管理和调节的基础上，进行卓有成效的引导性管理。

3.2.1.4　互操作性原则

互操作性是指“两个及以上系统或部件进行信息交换和利用该信息的能力”。智能电网的互操作性意味着，各层次各区域的输配电网设备、量测设备、变电设备、管理信息应用和SCADA系统等都能够通过标准接口进行安全、无缝和透明的信息交换，并共享和利用数据。

指标的设计要求概念明确、定义清楚，能方便地采集数据与收集情况，要考虑现行科技水平，并且有利于现状的改进。而且，指标的内容不应太繁太细，过于庞杂和冗长，否则会给评价工作带来不必要的麻烦。

3.2.1.5　时效性原则

时效性是指同一件事物在不同的时间具有很大的性质上的差异。时效性影响着决策的生效时间，时效性决定了决策在特定时间内是否有效。指标体系不仅要反映一段时间内电网发展的实际情况，而且还要跟踪其变化情况，以便及时发现问题，防患于未然。此外，指标体系应随着社会价值观念的变化不断调整，否则，可能会因不合时宜而导致决策失误或非优。

电力发展遇到的突发事件具有不确定性，如停电、窃电、过载等，如何做到及时地监测预防及响应成为保障电力可靠性发展的重中之重。处理及预防突发事件的工作过程和工作手段已经不限于现场处理和线上监测手段，这为应急事件响应提供了多样化的形式，为提高电网发展时效性提供了无限空间。比如，借助公众号和自媒体灵活快捷的特点，让用户实时探知用电情况，将隐患解决在萌芽中，大大提高应急事件响应的时效性；对于提前预知的小事件，如用电高峰低谷、迎峰度夏等，可进行适当的电价控制、电量控制、能源存储等。对于此类指标的制定，必须分时分段，按照不同时段制定不同标准。对于扶贫工作，需按时间节点要求制定出符合时宜的指标。

3.2.1.6 政令性原则

指标体系的设计要体现我国电网发展的方针政策，契合配电网发展的需求，以便通过评价，引导企业贯彻执行“安全第一，生产为主”的方针。

3.2.1.7 突出性原则

指标的选择要全面，但应该区别主次、轻重，要突出重点。

3.2.1.8 可比性原则

指标体系中同一层次的指标，应该满足可比性的原则，即具有相同的计量范围、计量口径和计量方法，指标取值宜采用相对值，尽可能不采用绝对值。这样使得指标既能反映实际情况，又便于比较优劣。

3.2.1.9 定性与定量相结合的原则

指标体系的设计应当满足定性与定量相结合的原则，在定性分析的基础上，还要进行量化处理。只有通过量化，才能较为准确地揭示事物的本来面目。

需要指出的是，上述各项原则并非简单的罗列，它们之间存在如图 3–1 所示的关系。也就是说，指标体系设立的目的性决定了指标体系的设计必须符合科学性的原则，而科学性原则又要通过系统性来体现。在满足系统性原则之后，还必须满足可操作性以及时效性的原则。这两条原则决定了指标体系设

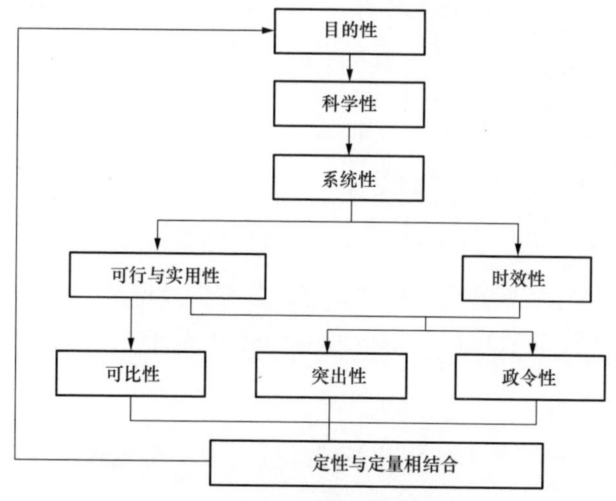

图 3–1 指标选取原则关联图

计应遵循政令性和突出性原则，此外，可操作性原则还决定了指标体系必须满足可比性的原则。上述各项原则都要通过定性与定量相结合的原则才能体现。最后，所有上述各项原则皆由评价的目的性所决定，并以目的性原则为前提。

3.2.2 配电网高质量发展指标体系编制原则

配电网处于整个电网的最基层，与用户紧密相连，具有点多、面广、线路长的特点。配电网规划指标体系的建立，必须充分考虑配电网的上述特点，确保指标体系的实用性和可操作性。即在评价指标选择方面，应准确、规范、可比；在评价指标数据来源方面，应真实、可靠；在评价结果方面，应客观、全面。具体地讲，配电网规划评价指标体系的建立应遵循以下六个方面原则。

3.2.2.1 准确性原则

评价指标的内涵与外延界定确切，统计口径无歧义，重复计算的指标数据应具有高度的一致性。

3.2.2.2 规范性原则

评价指标的分类、计量单位、计算方法、调查表式等应有统一的规范性要求，以便于在实际工作中推广应用。

3.2.2.3 可比性原则

评价指标应方便不同地区之间和同一地区不同时间状态下配电网规划建设情况的相互比较，突出导向性效果。

3.2.2.4 可靠性原则

评价指标要有可靠的统计数据渠道，具有可操作性，对于暂时不能统计又十分必要的指标可先设置，随着信息系统的完善而后进行统计。

3.2.2.5 客观性原则

评价指标应能够真实地反映所统计的对象，客观地了解和掌握配电网的实有状态。

3.2.2.6 全面性原则

评价指标所组成的体系结构应尽量覆盖配电网运行的方方面面，确定单个指标与整个指标体系所要表达的范围无盲区。

配电网规划是一个多目标、全过程、多维度的复杂系统工程，因此，配电网规划评价指标体系也是一个多层次的指标体系。参照系统分析法和层次分析法的基本理论，配电网规划指标体系总体框架设计由四个层级构成。其中，最低层为措施层，对应配电网规划的具体评价指标；最高层为总目标层，借此表达配电网规划所追求实现的终极目标；中间层由准则层（含子准则层）构成，决定着指标体系的整体构架。根据配电网规划的作用和要求，围绕用户、负荷、设备、效益等影响配电网发展的内外在因素，配电网规划评价指标体系的中间准则层可由 4 类指标构成。其中，供电可靠性和电压质量指标用来评估配电网安全可靠性水平；发展适用性和协调性指标用来评估配电网发展可持续性；设备利用效率和技术装备水平指标用来评估配电网资产情况；经济性和社会效果指标用来评估配电网运营效益。考虑到同一时期不同地区的配电网在供电面积、电力需求水平以及电网规模等方面可能差别很大，为便于进一步反映上述情况对配电网规划技术方案复杂性的影响，配电网规划评价指标体系中还增加了规划区配电网基本情况的相关信息。整合后的配电网规划评价指标体系的基本逻辑架构如图 3–2 所示。

除以上六个基本原则外，配电网高质量发展指标编制原则仍需从以下几方面全面考虑：

（1）基本情况。配电网基本情况是对配电网总体形象的概要描述，主要是通过把握配电网供电营业区情况、资产规模和电力供需水平等方面信息，为下一步进行配电网规划内容的评价做好基础，由供电营业区情况、电网资产规模和电力供需水平三部分组成。供电营业区情况关注的内容通常包括供电人口、供电面积、用电户数、供电区 GDP 等；电网资产规模相关的内容包括配电网各电压等级变（配）电容量规模、线路长度、年末净资产总额等；电力供需水平相关的内容包括全社会最大用电量、全社会最大负荷、网

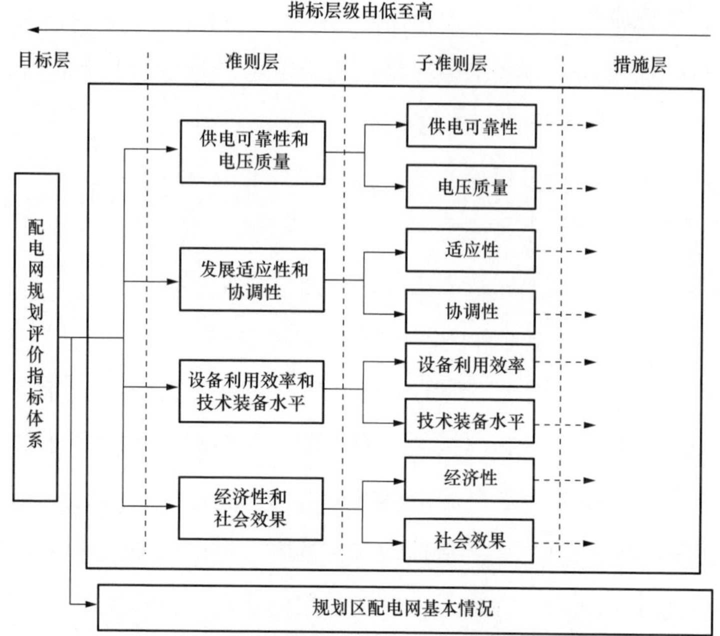

图 3-2　配电网规划评价指标体系基本逻辑架构

供电量、网供负荷以及负荷密度等。配电网基本情况除了给出上述定量统计分析数据外，一般还需要对配电网各电压等级网络结构进行定性的描述，以便充分掌握配电网发展的特点及相关影响因素等情况，如图 3-3 所示。

（2）供电可靠性和电压质量。满足供电可靠性和电压质量要求是配电网建设的主要任务之一。配电网供电可靠性是指在满足电网供电安全性准则的前提下，对用户连续供电的可靠程度，相关评价指标包括用户平均停电频率、用户平均停电时间、供电可靠率、高压设备可用系数等。电压质量是反映供电企业管理水平的重要标志，主要通过电压水平来衡量，相关评价指标包括高压配电网电压合格率、中低压配电网电压合格率以及综合电压合格率等。配电网规划供电可靠性和电压质量评价指标的体系结构如图 3-4 所示。

1）用户平均停电频率。该指标设置依据 DL/T 836《供电系统用户供电可靠性评价规程》，表示在统计期内为供电用户平均停电的次数。计算公式为

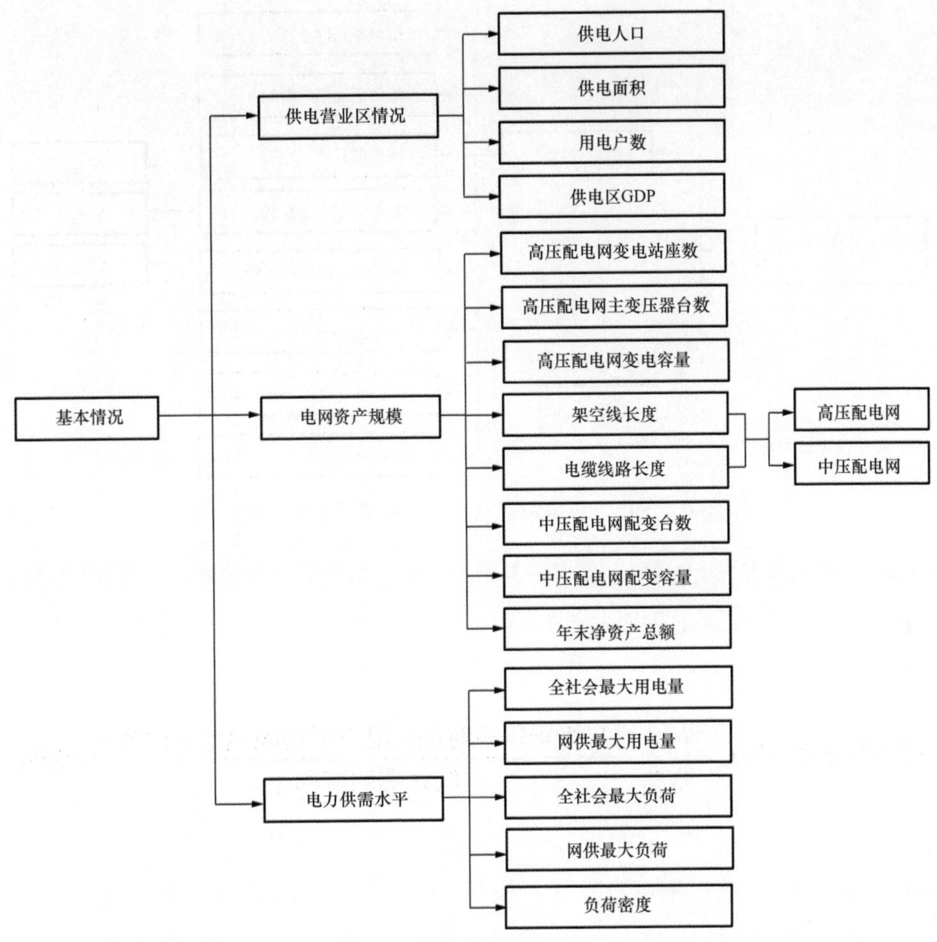

图 3-3 配电网基本情况信息构成

注：负荷密度（MW/km^2）= 全社会最大负荷 / 供电面积

$$用户平均停电频率（次/户）=\frac{\sum 每次停电用户数}{总用户数}$$

2）用户平均停电时间。该指标设置依据 DL/T 836《供电系统用户供电可靠性评价规程》，为供电用户在统计期内的平均停电小时数。计算公式为

$$用户平均停电时间（小时/户）=\frac{\sum(每次停电持续时间\times 每次停电用户数)}{总用户数}$$

3）供电可靠率 RS-3。该指标设置依据 DL/T 836《供电系统用户供电可靠性评价规程》，用于定量衡量供电网络向用户可靠供电的程度。供电可靠

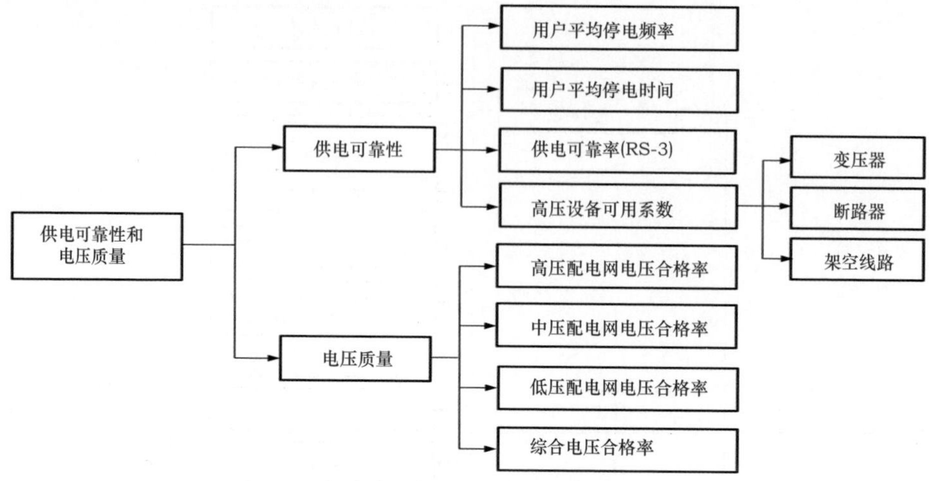

图 3–4　配电网供电可靠性和电压质量评价指标的构成

率指标细分为 RS–1、RS–2 和 RS–3 三种。RS–1 考虑了所有因素的停电事故；RS–2 不计辖区外部电网事故造成的停电；RS–3 不计及因系统电源不足而需限电的情况。供电可靠率 RS–3 指标的计算公式为

$$供电可靠率（\%）=\left(1-\frac{用户平均停电时间-用户平均限电停电时间}{统计期间时间}\right)\times100\%$$

4）高压设备（变压器、断路器和架空线路）可用系数。该指标设置依据 DL/T 837《输变电设施可靠性评价规程》，适用于 110（66）、35kV 高压配电网，用来反映变压器、断路器和架空线路等设备的可利用程度。计算公式为

$$高压设备可用系数（\%）=\frac{\sum 设备可用小时数}{\sum 统计期间小时数}\times100\%$$

5）电压合格率。该指标适用于各级配电网络，是衡量向用户供电质量的重要依据，共分为 A、B、C、D 四类。其中，A 类电压合格率为地区供电负荷的变电站和发电厂的 10kV 母线电压合格率；B 类电压合格率为 35、66kV 专线供电和 110kV 及以上供电的用户端电压合格率；C 类电压合格率为 10kV 线路末端用户的电压合格率；D 类电压合格率为低压配电网的首末端和部分主要用户的电压合格率。根据配电网电压等级的不同，高压配电网采用 A、B 类电压合格率；中低压配电网采用 C、D 类电压合格率。某监测点电压合格

率指标的计算公式为

$$电压合格率（\%）=\left(1-\frac{电压超限时间}{总运行统计时间}\right)\times100\%$$

根据国家电网生〔2009〕133号《国家电网公司电力系统电压质量和无功电力管理规定》有关规定，综合电压合格率可由A、B、C、D类电压合格率计算，公式为

$$综合电压合格率（\%）=0.5V_A+0.5\times\frac{V_B+V_C+V_D}{3}$$

式中：V_A、V_B、V_C、V_D分别表示A、B、C、D类电压合格率。

（3）发展适应性和协调性。配电网发展适用性和协调性是保证配电网建设方案具备可持续能力的基本要求。配电网负荷的波动性以及负荷预测的不准确性，要求配电网能够对未来负荷具有一定的“弹性”，对负荷增长的预期保持一定的适应性。配电网发展适应性评价指标包括主变压器N-1通过率、线路N-1通过率、变电容载比等。考虑到电网本身也是一个有机的整体，为体现电网天然网络特征，配电网的建设和发展还应保持输配电网之间以及配电网各层级之间的相互协调。配电网发展协调性评价指标包括输配电网变电容量比、高中压配电网变电容量比、中压线路平均装接配电变压器容量等。配电网发展适应性和协调性评价指标的体系结构如图3-5所示。

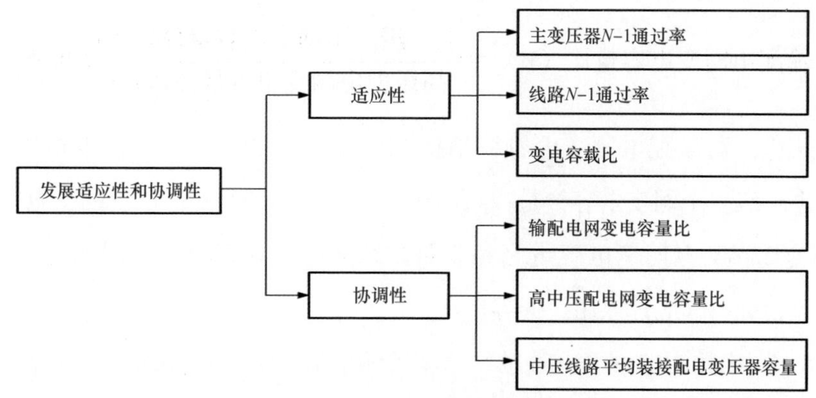

图3-5 配电网发展适应性和协调性评价指标的构成

1）主要设备（主变压器、线路）N–1 通过率。该指标适用于 110（66）、35kV 高压配电网，用来检验配电网结构的强度和运行方式的合理性。其中，“N”是指电网中某类重要设备，主要为高压配电网的变电站主变压器和输电线路。计算该指标时，需合理考虑本级电网和下级电网的转供能力。计算公式为

$$设备N-1通过率（\%）=\frac{满足N-1的元件数量(个)}{元件总数量(个)}\times 100\%$$

2）变电容载比。该指标适用于 110（66）、35kV 高压配电网，是说明地区总变电容量对负荷增长适应程度的宏观性控制指标。计算公式为

$$变电容载比=\frac{某电压等级变电总容量(MVA)}{某电压等级全网最大负荷(MW)}$$

在计算高压配电网容载比时，相应电压等级的计算负荷需要从总负荷中扣除上一级电网的直供负荷和该电压等级以下的电厂直供负荷。

3）中压主干线路平均长度。该指标适用于 10（20）kV 中压配电网，用来间接反映中压主干线路的供电半径。计算公式为

$$中压主干线路平均长度（km/条）=\frac{主干线路长度之和（km）}{主干线路条数(条)}$$

4）输配电网变电容量比。该指标用来评估高压配电网与上一级主干网在变电容量方面的协调性。计算公式为

$$输配电网变电容量比（\%）=\frac{上一级主干网变电容量(MVA)}{高压配电网变电容量(MVA)}\times 100\%$$

式中：高压配电网变电容量是指 110（66）、35kV 配电网的变电容量之和；上一级主干网变电容量是指与高压配电网相邻的上一级电网的变电容量，一般为 220kV 电网变电容量之和（西北地区应计入 330kV 电网变电容量）。计算该指标时，应计入用户变容量。

5）高中压配电网变电容量比。该指标用来反映 35kV 及以上高压配电网与 10（20）kV 中压配电网在变（配）电容量上的相互协调。计算该指标时，

应计入用户变压器容量。计算公式为

$$高中压配电网变电容量比（\%）=\frac{35kV及以上变电容量(MVA)}{10(20)kV配电变压器容量(MVA)}\times 100\%$$

6）中压线路平均装接配电变压器容量。该指标适用于 10（20）kV 中压配电网，用来表示平均每条中压线路装接的配电变压器容量，可通过不同地区间的横向对比来说明配电网技术政策的差异。一般地讲，指标数值较高，则说明该条线路的利用率可能较高；反之，则较低。计算公式为

$$中压线路平均装接配电变压器容量（kVA/条）=\frac{中压配电变压器容量之和(kVA)}{中压线路总条数（条）}$$

（4）设备利用效率和技术装备水平。配电网设备利用效率和技术装备水平是反映配电网资产情况的重要属性。配电网设备利用效率是配电网整体运行效率的重要体现，是配电网资产寿命期内自身价值得以充分发挥的重要标记，相关评价指标包括主变压器负载率及其分布、配电变压器负载率及其分布、线路负载率及其分布等。提高配电网技术装备水平是实现企业优质供电、提升企业服务效率的主要手段，相关评价指标包括无油化断路器比例、有载调压装置覆盖率、配电网清洁能源接入率、智能化变电站比例、配电网自动化终端覆盖率、中压线路电缆化率、中压架空线路绝缘化率、高损耗配电变压器比例以及设备运行年限分布等。配电网设备利用效率和技术装备水平评价指标的体系结构如图 3-6 所示。

1）主变压器负载率。该指标适用于 110（66）、35kV 高压配电网，用来描述某一电压等级各台主变压器年最大负载率情况。计算公式为

$$主变压器负载率（\%）=\frac{主变压器年最大负荷(MW)}{主变压器容量(MVA)\times 功率因数}\times 100\%$$

2）主变压器负载率分布。该指标适用于 110（66）、35kV 高压配电网，用来反映主变压器设备年最大负载率的分布情况，可按负载率 30% 及以下、30%~60%、60%~90% 以及 90% 以上四档分别统计主变压器台数在相应区间所占的比例情况。

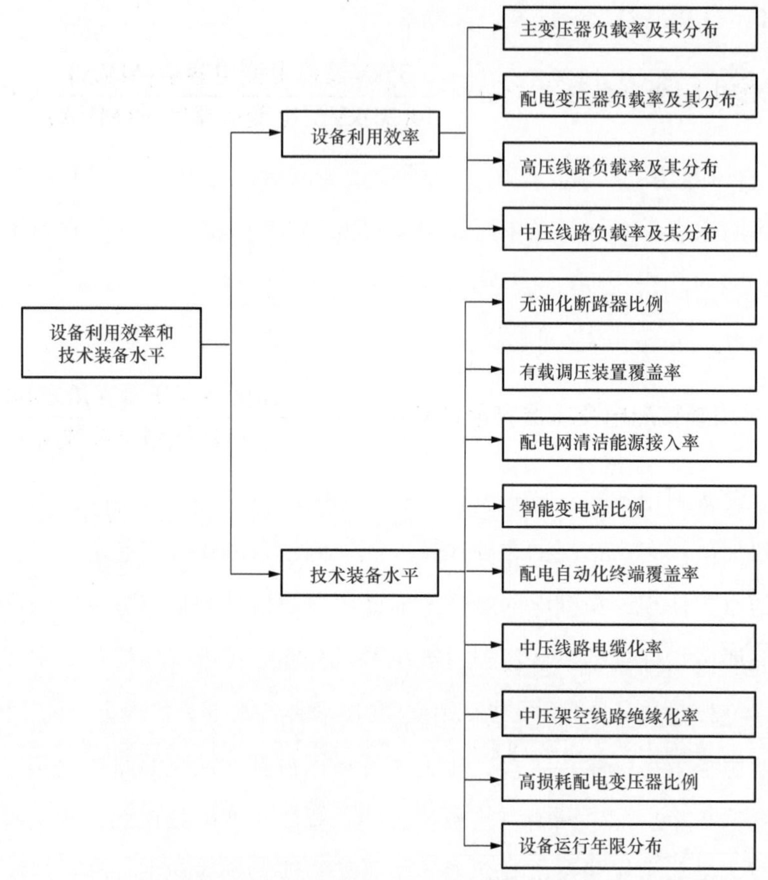

图 3-6　配电网设备利用效率和技术装备水平评价指标的构成

3）配电变压器负载率。该指标适用于 10（20）kV 中压配电网，用来描述中压配电变压器年最大负载率情况，计算公式参见主变压器负载率指标。考虑到中压配电变压器数量众多，该指标应随中压配电网信息统计手段的健全逐渐扩大应用范围。

4）配电变压器负载率分布。该指标适用于 10（20）kV 中压配电网，用来反映配电变压器年最大负载率的分布情况，可参考主变压器情况，按负载率 30% 及以下、30%~60%、60%~90% 以及 90% 以上四档分别统计配电变压器台数在相应区间所占的比例。该指标应随中压配电网信息统计手段的健全逐渐扩大应用范围。

5）高压线路负载率。该指标适用于110（66）、35kV高压配电网，用来评估高压配电网线路的实际利用效率。计算公式为

$$高压线路负载率（\%）=\frac{线路最大工作电流(A)}{线路长期允许载流量(A)}\times 100\%$$

6）高压线路负载率分布。该指标适用于110（66）35kV高压配电网，用来反映高压线路设备负载率的分布情况，可按30%及以下、30%~60%、60%~90%以及90%以上四档分别统计线路条数在相应区间所占的比例情况。

7）中压线路负载率。该指标适用于10（20）kV中压配电网，用来评估中压配电网线路的实际利用效率，计算公式同高压线路负载率指标。

8）中压线路负载率分布。该指标适用于10（20）kV中压配电网，用来反映中压线路设备负载率的分布情况，可参照高压线路情况，按30%及以下、30%~60%、60%~90%以及90%以上四档分别统计中压线路条数在相应区间所占的比例情况。

9）配电网自动化终端覆盖率。该指标适用于10（20）kV中压配电网，用来分析配电网自动化与设备利用的关系。计算公式为

$$配电网自动化终端覆盖率（\%）=\frac{具有“两遥”及以上功能开关台数}{配电网开关总台数(条)}\times 100\%$$

式中，具有“两遥”及以上功能的开关是指具有“两遥”（遥测、遥信）功能的开关或具有“三遥”（遥测、遥信、遥控）功能的开关。

10）中压线路电缆化率。该指标适用于10（20）kV中压配电网，主要是用来反映中压配电网的发展阶段和建设水平。考虑到电缆线路相比架空线路投资价差很大，因此地区未形成电缆化工程常态投资体系之前，须严格控制电缆化工程，即该指标不作为评价中压配电网设备优劣的引导性指标。相应计算公式为

$$中压线路电缆化率（\%）=\frac{中压电缆线路长度(km)}{中压线路总长度(km)}\times 100\%$$

11）中压架空线路绝缘化率。该指标适用于10（20）kV中压配电网，用来反映中压配电网线路的绝缘化水平。计算公式为

$$\text{中压架空线路绝缘化率（\%）}=\frac{\text{中压绝缘架空线路长度(km)}}{\text{中压架空线路总长度(km)}}\times100\%$$

12）高损耗配电变压器比例。该指标适用于 10（20）kV 中压配电网，用于反映节能降耗政策执行情况。计算公式为

$$\text{高损耗配电变压器比例（\%）}=\frac{\text{S7(含S8)及以下型号配电变压器台数(台)}}{\text{配电变压器总台数(台)}}\times100\%$$

13）设备运行年限分布。该指标适用于 10kV 及以上配电网，用来说明变压器（含配电变压器）、线路、开关等主要设备自投运年至统计年的运行时间分布情况，借此可明确配电网技改的方向和力度。设备运行年限分布，可按 10 年及以下，10~20 年和 20 年以上三个区段分别统计各类设备所占台数（或长度）比例情况。某一运行年限区间内某一类型设备比例的计算公式为

$$\text{设备比例（\%）}=\frac{\text{运行年限区间内的设备数量(台、km)}}{\text{设备总数量(台、km)}}\times100\%$$

（5）经济性和社会效果。经济性和社会效果是推动配电网健康发展的内在动力和外部要求。配电网通过对其建设方案进行经济性评价，可以提高配电网建设工程决策的科学化水平、充分发挥工程的经济效益、保证供电企业的经济生命力，相关评价指标包括单位线路长度造价、单位变电容量造价、单位资产供电负荷、单位资产供电量、投入产出比、线损率等。同时，配电网作为地区重要的基础设施，由于与用户紧密关联，因此其建设发展的好坏对改善社会民生、促进社会和谐、提高优质供电服务水平等方面具有重要的影响力，与此相关的社会效果评价指标包括户户通电率、一户一表率等。配电网经济性和社会效果评价指标的体系结构如图 3–7 所示。

1）单位线路长度造价。该指标适用于各级配电网，用来反映本地区线路设备的平均造价水平，是测算配电网线路工程投资费用的主要依据。计算公式为

$$\text{单位线路长度造价（元/km）}=\frac{\text{线路设备静态投资(元)}}{\text{线路长度(km)}}$$

2）单位变电容量造价。该指标适用于 10kV 及以上配电网，用来反映本

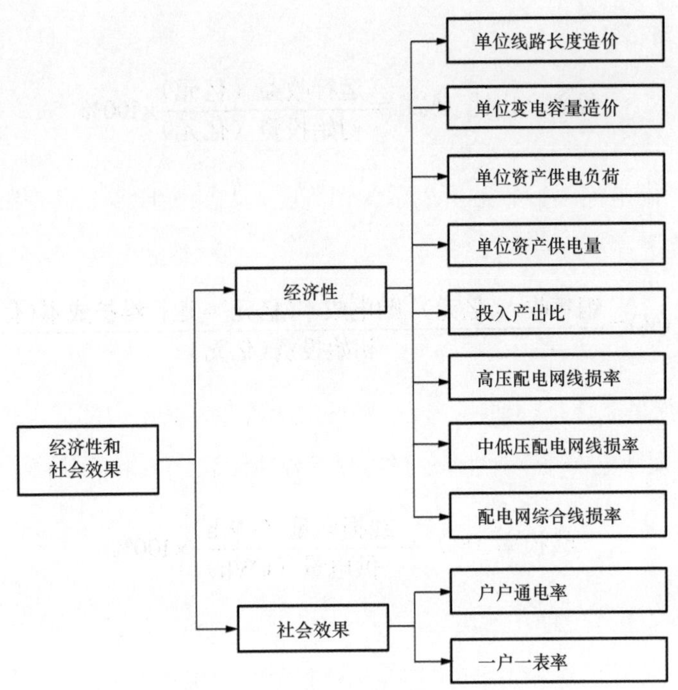

图 3–7　配电网经济性和社会效果评价指标的构成

地区变（配）电设备造价的平均水平，是测算配电网变（配）电工程投资费用的主要依据。计算公式为

$$单位变电容量造价（元/kVA）=\frac{变（配）电设备静态投资（元）}{变电容量（kVA）}$$

3）单位资产供电负荷。该指标用于反映配电网净资产总额对供电负荷收益情况。计算公式为

$$单位资产供电负荷（kW/元）=\frac{统计期末配电网供电负荷（kW）}{统计期末配电网资产总额（元）}$$

4）单位资产供电量。该指标用于反映配电网净资产总额对供电量收益情况。计算公式为

$$单位资产供电量（kWh/元）=\frac{统计期末配电网供电量（kWh）}{统计期末配电网资产总额（元）}$$

5）投入产出比。该指标用来反映配电网规划建设所投入资金的回报程

度。计算公式为

$$投入产出比（\%）=\frac{运行收益（亿元）}{初始投资（亿元）}\times 100\%$$

考虑到配电网运行收益可表示为销售收入与购电成本、运行维护成本之差，则上式进一步改写为

$$投入产出比(\%)=\frac{销售收入(亿元)-购电成本(亿元)-运行维护成本(亿元)}{初始投资(亿元)}\times 100\%$$

6）线损率。该指标适用于配电网各电压等级，是电力部门考核的一项重要内容，是反映电网经营管理水平的一项综合性技术经济指标。计算公式为

$$线损率（\%）=\frac{线损电量（kWh）}{供电量（kWh）}\times 100\%$$

根据研究分析需要，线损率可分为统计线损率和理论线损率。由于线损电量无法直接测量，统计线损率一般是通过供电量和售电量的差值与供电量之比得到。理论线损率又称技术线损率，是根据供电设备的参数和电力网选定典型日的运行方式及潮流分布情况，经理论计算得出的线损电量与供电量之比。统计线损率和理论线损率都可进一步分为综合线损率和分压线损率。分压线损率是对综合线损率的深化和细化，是由各电压等级线损电量与各电压等级供电量比值得到，供电企业通过该指标的计算可以找出各电压等级的降损空间。

7）户户通电率。该指标用来评估规划区居民通电情况，借此反映配电网建设对社会民生的改善情况。计算公式为

$$户户通电率（\%）=\frac{已通电居民户数（户）}{居民总户数（户）}\times 100\%$$

8）一户一表率。该指标用来反映供电企业的用电管理水平，是衡量供电企业服务客户质量的重要标准。计算公式为

$$一户一表率（\%）=\frac{已单独安装计费电能表的居民户数（户）}{居民总户数（户）}\times 100\%$$

3.3 配电网高质量发展指标架构设计及关键指标

高质量发展，是能够很好满足人民日益增长的美好生活需要的发展。而高质量的发展指标体系就是衡量企业创新能力最直观的“标尺”。

配电网规划评价指标体系旨在全面衡量配电网综合规划的工作水平，通过对配电网规划内容的技术可行性和经济合理性进行评价，掌握配电网规划方案对规划目标的满足程度和对现状电网的改善程度，并通过指标体系的实施及结果的分析，进一步促进配电网规划方法和手段的创新和实践，推进配电网规划工作的精细化、精准化，不断满足新形势下经济社会发展对配电网建设和发展提出的新要求。

由于配电网的复杂性，配电网规划过程中需要评估的指标很多，在建立配电网评估指标体系时，各指标的选取，一方面要尽可能全面地反映现有电网实际情况，对于任何重要的指标，绝对不能遗漏；另一方面考虑到轻重缓急和电网运行水平所处的阶段，各个底层指标在评估体系中将会占到不同的分量。因此，指标体系的建立和层次权重的设置，需要符合必要性、科学性、简洁性的原则。技术合理性主要分析设备本体状况，从高压主变压器 *N*–1、配电变压器、中压线路、开关等设备的以下方面进行评价：配电变压器容量、运行年限、线路线规、主干线长度、供电半径等。安全可靠性主要分析设备的运行情况的评价有：线路负载率、配电变压器负载率、线路转供能力、供电可靠性等，具体评价指标有：线路挂接配电变压器总容量、线路最大电流、线路负载率、配电变压器负载率、线路联络情况、*N*–1 分析、负荷转移能力、供电可靠性 RS–1、RS–3 等。电能质量经济主要从综合电压降和综合线损率两方面来进行电网运行的综合评价。配电网计划指标监测体系如图 3–8 所示，配电网高质量发展行动计划监测指标体系如表 3–1 所示。

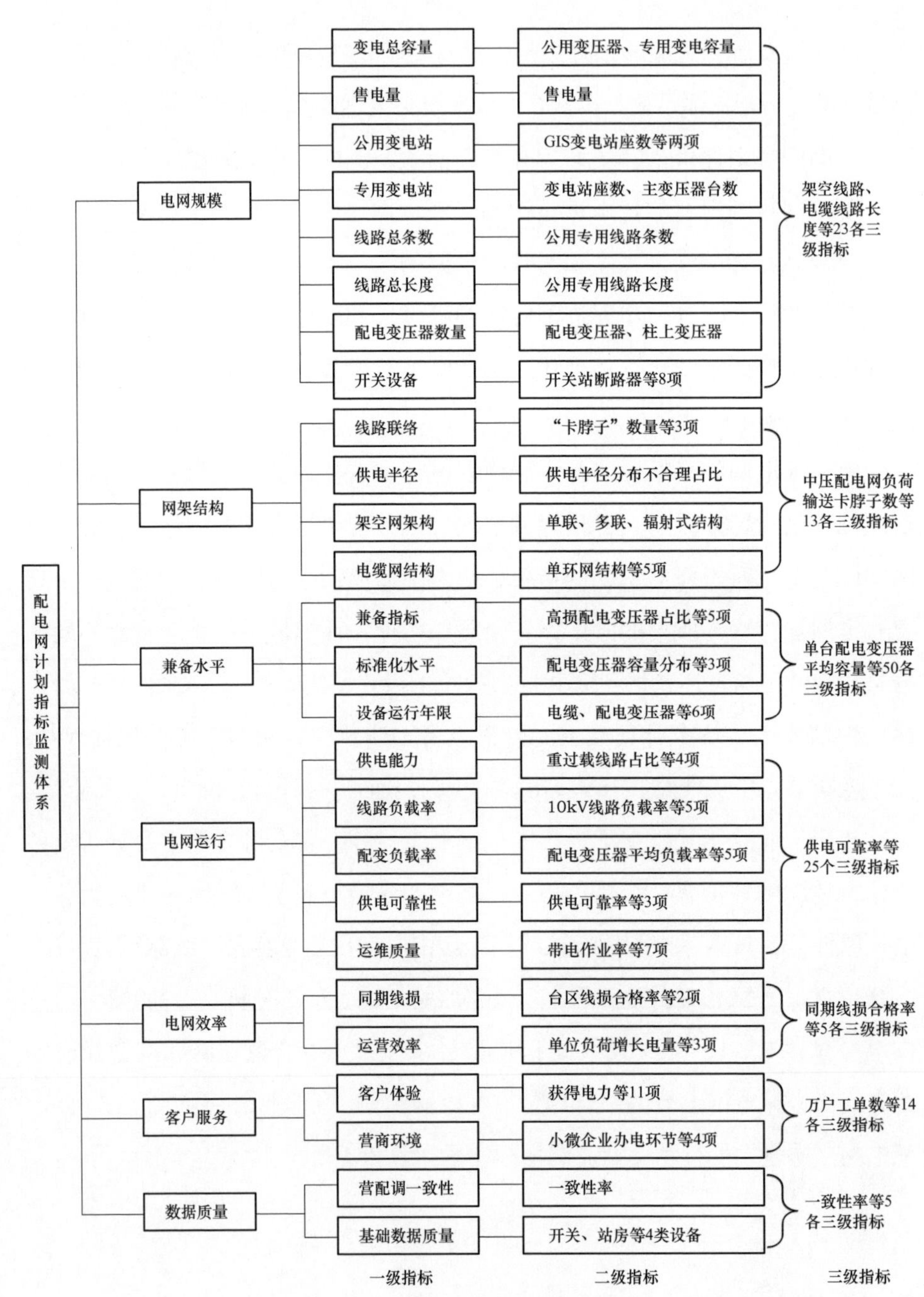

图 3–8　配电网计划指标监测体系

表 3-1　配电网高质量发展行动计划监测指标体系

序号	一级指标	单位	责任部门	指标定义	计算公式	数据来源系统名称	监测频度
1	售电量	kWh	营销	指电力企业向外销售的并可以此取得销售收入的电量	/	营销业务系统	每年
2	供电可靠率		设备	计算公式：城市用户供电可靠率 =（1– 用户平均停电时间 / 统计期间时间）×100%	城市用户供电可靠率 =（1– 用户平均停电时间 / 统计期间时间）×100%	电能质量在线监测系统	每季度
3	用户年均停电时间	h/ 户	发展、设备	指一年内每户停电时间之和与用户总数的比值	用户年均停电时间 =Σ 每户每次停电时间 / 总用户数	用电采集系统、营销业务应用系统	每年
4	城市综合供电电压合格率		设备	计算公式：城市综合供电电压合格率 =0.5×A 类监测点合格率 +0.5×（B 类监测点合格率 +C 类监测点合格率 +D 类监测点合格率）/3 其中： 监测点电压合格率 =[1–（电压超上限时间 + 电压超下限时间）/ 电压监测总时间]×100%	计算公式：城市综合供电电压合格率 =0.5×A 类监测点合格率 +0.5×（B 类监测点合格率 +C 类监测点合格率 +D 类监测点合格率）/3	电能质量在线监测系统	每季度
5	农网综合供电电压合格率		营销	计算公式：农网综合供电电压合格率 =0.5×A 类监测点合格率 +0.5×（B 类监测点合格率 +C 类监测点合格率 +D 类监测点合格率）/3 其中： 监测点电压合格率 =[1–（电压超上限时间 + 电压超下限时间）/ 电压监测总时间]×100%	农网综合供电电压合格率 =0.5×A 类监测点合格率 +0.5×（B 类监测点合格率 +C 类监测点合格率 +D 类监测点合格率）/3	电能质量在线监测系统	每季度

续表

序号	一级指标	单位	责任部门	指标定义	计算公式	数据来源系统名称	监测频度
6	110kV 及以下线损率		营销	电力网络中损耗的电能占向电力网络供应电能的百分数，线损率 =（线损电量 / 供电量）×100%	线损率 =（线损电量 / 供电量）×100%	营销业务系统	每季度
7	110kV 电网容载比	/	发展	计算公式：某一电压等级容载比 $=\Sigma S_{ei}/P_{max}$ 其中：P_{max} 为该电压等级最大负荷日最大负荷，万 kW； S_{ei} 为该电压等级年最大负荷日在役运行的变电总容量，万 kVA	110kV 电网容载比 $=\Sigma S_{ei}/P_{max}$	线下统计	半年度
8	35kV 电网容载比	/	发展	计算公式：某一电压等级容载比 $=\Sigma S_{ei}/P_{max}$ 式中：P_{max} 为该电压等级最大负荷日最大负荷，万 kW； S_{ei} 为该电压等级年最大负荷日在役运行的变电总容量万 kVA	35kV 电网容载比 $=\Sigma S_{ei}/P_{max}$	线下统计	半年度
9	农村中压线路供电半径	km	发展、设备	从变电站 10kV 出线到其供电的最远负荷点之间的线路长度	/	PMS2.0 系统	每年
10	农村低压线路供电半径	km	发展、设备	从台区 380V 出线到其供电的最远负荷点之间的线路长度	/	PMS2.0 系统	每年

续表

序号	一级指标	单位	责任部门	指标定义	计算公式	数据来源系统名称	监测频度
11	中压线路联络率		发展、设备	变电中，两条接线如果直接由联络开关，可以说这两条线路之间有联络，所有有联络的线路在总线路长度中的比例叫做线路的联络率	中压联络率 = 有联中压线路条数 / 线路总条数 ×100%	PMS2.0 系统	每季度
12	站间联络率		发展、设备	供电线路网中，两条接线如果直接由联络开关，可以说这两条线路之间有联络，所有有联络的线路在总线路长度中的比例叫做线路的联络率	站间联络率 = 有站间联络线路条数 / 线路总条数 ×100%	PMS2.0 系统	每季度
13	户均配电变压器容量	kVA/户	发展、营销、设备	户均配电变压器容量 = 配电变压器总容量 / 用户总数	户均配电变压器容量 = 配电变压器总容量 / 用户总数	PMS2.0 系统、营销业务应用系统	每年
14	农村低压台区四线占比		设备	农村低压台区四线占比 = 台区线路为四线的条数 / 台区线路总条数 ×100%	农村低压台区四线占比 = 台区线路为四线的条数 / 台区线路总条数 ×100%	PMS2.0 系统	每季度
15	农村电能占终端能源消费比例		营销	农村电能在终端能源消费中所占的比例	农村电能占终端能源消费比例 = 农村消费电能总量 / 终端能源消费总量 ×100%	营销业务系统	每年
16	15 年以上在运设备占比		设备	15 年以上在运设备占比 = 运行年限为 15 年以上的设备数量 / 设备总数	15 年以上在运设备占比 = 运行年限为 15 年以上的设备数量 / 设备总数	PMS2.0 系统	每季度

续表

序号	一级指标	单位	责任部门	指标定义	计算公式	数据来源系统名称	监测频度
17	导线截面偏小问题解决率		设备	导线截面偏小问题解决率 = 实际解决的导线截面偏小问题 / 应解决的导线截面偏小问题	导线截面偏小问题解决率 = 实际解决的导线截面偏小问题 / 应解决的导线截面偏小问题	PMS2.0 系统	每季度
18	配电网故障跳闸率	次/(百千米·年)	运检部	指百公里线路每年跳闸次数	配电网故障跳闸率 = 配电网跳闸总条次 / 线路百公里年数 ×100%	配电网自动化系统	每月
19	缺陷消除率	%	运检部	指已消除的缺陷总数占缺陷总数的比率	缺陷消除率 = 已消除的缺陷总数 / 缺陷总数 ×100%	PMS2.0 系统	每月
20	计划检修不停电作业率	%	运检部	指计划检修不停电作业数占计划检修总次数的比率	计划检修不停电作业率 = 计划检修不停电作业数 / 计划检修总次数 ×100%	PMS2.0 系统	每月
21	带电监测覆盖率	%	运检部	指带电监测设备数量与配电网监测总设备数量的比率	带电监测覆盖率 = 电监测设备数量 / 配电网监测总设备数量 ×100%	PMS2.0 系统	每年
22	万户工单率	张/万户	运检部	每万户的工单数量	工单数量 / 用户数量	PMS2.0 系统、营销业务应用系统	每年
23	客户报修同比累计下降率		运检部	指累计客户报修数相较上年同期客户报修总数的下降率	客户报修同比累计下降率 =（累计客户报修数 – 上年同期客户报修总数）/ 上年同期客户报修总数 ×100%	95598 业务系统	每季度

续表

序号	一级指标	单位	责任部门	指标定义	计算公式	数据来源系统名称	监测频度
24	客户投诉同比累计下降率		营销部	指累计客户投诉数相较上年同期客户投诉总数的下降率	客户投诉同比累计下降率 =（累计客户投诉数数 – 上年同期客户投诉数总数）/ 上年同期客户投诉数总数 ×100%	95598 业务系统	每季度
25	一致性核查完成率		营销部	指营销系统和 PMS 系统数据进行站、线、变、户、箱的一致性比对完成情况	一致性核查完成率 = 已完成营销系统和 PMS 系统数据一致性比对的设备数量 / 设备总数 ×100%	营销系统、PMS 系统	每月
26	配电网设备挂接关系系统数据固化率		营销部	指已完成固化的配电网设备挂接关系系统数据数占配电网设备挂接关系系统数据总量的比率	配电网设备挂接关系系统数据固化率 = 已完成固化的配电网设备挂接关系系统数据数 / 配电网设备挂接关系系统数据总量 ×100%	PMS2.0 系统、营销业务应用系统	每月
27	营配贯通系统建模完成率		营销部	指已完成建模的营配贯通系统数量占应建模的营配贯通系统总数的比率	营配贯通系统建模完成率 = 已完成建模的营配贯通系统数量 / 应建模的贯通系统总数 ×100%	PMS2.0 系统、营销业务应用系统	每月
28	营配贯通系统数据固化完成率		营销部	指已完成固化的营配贯通系统数据数占营配贯通系统数据总量的比率	营配贯通系统数据固化完成率 = 已完成固化的营配贯通系统数据数 / 营配贯通系统数据总量 ×100%	PMS2.0 系统、营销业务应用系统	每月
29	配电网设备 GIS 图形规范率		营销部	指规范的配电网设备 GIS 图形数量占配电网设备 GIS 图形总量的比率	配电网设备 GIS 图形规范率 = 规范的配电网设备 GIS 图形数量 / 配电网设备 GIS 图形总量 ×100%	GIS 系统	每月

续表

序号	一级指标	单位	责任部门	指标定义	计算公式	数据来源系统名称	监测频度
30	客户基础信息规范率		营销部	指规范的客户基础信息数量占客户基础信息总量的比率	客户基础信息规范率 = 规范的客户基础信息数量 / 客户基础信息总量 ×100%	营销业务应用系统	每季度
31	配电变压器智能终端覆盖率		运检部	指报告期末已安装智能终端的配电变压器数与配电变压器总数的比值	配电变压器智能终端覆盖率 = 安装智能终端的配电变压器数 / 配电变压器总数 ×100%	PMS2.0 系统	每季度
32	配电网保护动作正确率		运检部	指配电网保护动作正确的数量占配电网保护动作总数的比率	配电网保护动作正确率 = 配电网保护动作正确的数量 / 配电网保护动作总数 ×100%	调度自动化系统	每月
33	自愈配电网覆盖率		运检部	指安装故障自愈装置的线路数量占配电网线路总数的比率	自愈配电网覆盖率 = 满足自愈的线路数量 / 配电网线路总条数 ×100%	PMS2.0 系统	每季度

4

配电网故障停电管理监测

4.1 实施背景

电网监控技术不断发展，配电网自动化系统实现了对重点城市区域的电网监控功能，但对于城郊、乡镇、广大农村地区，10kV 分支停电、公用配电变压器跌落保险熔断、公用配电变压器故障、低压侧故障等，在主动发现故障、低压电网运维质量管理方面还存在薄弱环节，主流还是用户故障报修电话反馈后，派出抢修人员进行处理。此外，对配电网故障频度、范围、停电规律、可靠性趋势分析等还缺乏有效的数据支持，存在故障停电瞒报、漏报、管理要求落实无评价依据等情况。

随着用电信息采集和智能电能表的广泛应用，已经实现了对用户、配电网变压器、关口电量信息数据的全采集。电网公司通过用电信息采集系统获取的公用配电变压器电压等运行数据和采集终端停、复电事件，制定数据挖掘方法及模型，依据大数据分析配（农）网停电事件及规律，判断配电网发生故障的范围和过程，可以解决对配电网停电范围、过程等信息获取不准确等问题，减少配电网故障信息瞒报、漏报，为提升供电可靠性提供新的管理手段和方法。同时对停电过程、事件进行分析，为减少停电次数、揭示管理问题提供方法和手段。

4.2 监测目的

电网公司构建基于大数据挖掘的配电网故障停电管理体系，以查找管理短板加以改进，挖掘提炼管理优势，可以在强化营配末端业务协同、供电可靠性提升、频繁停电管控、配电网运行管理与分析、工程停电管控等方面加强业务管控，推动配电网停电精益化管理。

该管理体系的实施旨在探索运营监测业务在配电网运行管理领域的应用和融合机制，构建具有运营监测业务特色的监控管理体系，充分挖掘数据资产价值，增强大数据技术应用水平，实现对供电可靠性和配电网管理的综合分析，快速定位并协调解决企业核心业务发展问题，以促进精益化管理水平，促使运营管理质量持续提升。

电网公司在推行实施基于大数据分析改进配电网故障停电管理模式过程中，通过校验配电网支线改造项目合理性，指导项目立项；开展线路、台区重复停电管理，实施线路、台区频繁停电预警，加强配电网队等基层单位工作管理；结合故障停电，提升线路、分支线及台区停电计划安排合理性；深度分析配电网薄弱环节，对线路、台区频繁停电进行诊断，分析分段开关保护定值合理性，提升配电网运行管理水平；严格农网工程停电管理，合理安排改造顺序，减少停电次数。

下文对国网宁夏电力公司的研究与实践进行介绍。

4.3 停电管理工作组织框架

按照“电网数据以运检侧为准，客户数据以营销侧为准”的原则，理清“台区→分支线路→线路”在运检、营销专业之间的设备映射关系，将生产系统中的配电网拓扑连接关系转换为互相关联的停电关联关系，收集用电信息采集系统设备停电信息，设定停电关联判定规则，构建监测模型，实现“台区→分支线路→线路”全覆盖的配电网停电精确监测与精准定位。通过分析成果的发布、协调控制任务书的流转，促进相关部门在停电信息透视、停电工作安排、频繁停电管控、薄弱环节分析、数据质量管理等方面加强工作管控，实现对省、市、县（含市区）、供电所层级的精益管理，发挥了较好的业务运作成效。配电网停电监测工作管理流程图如图 4-1 所示。

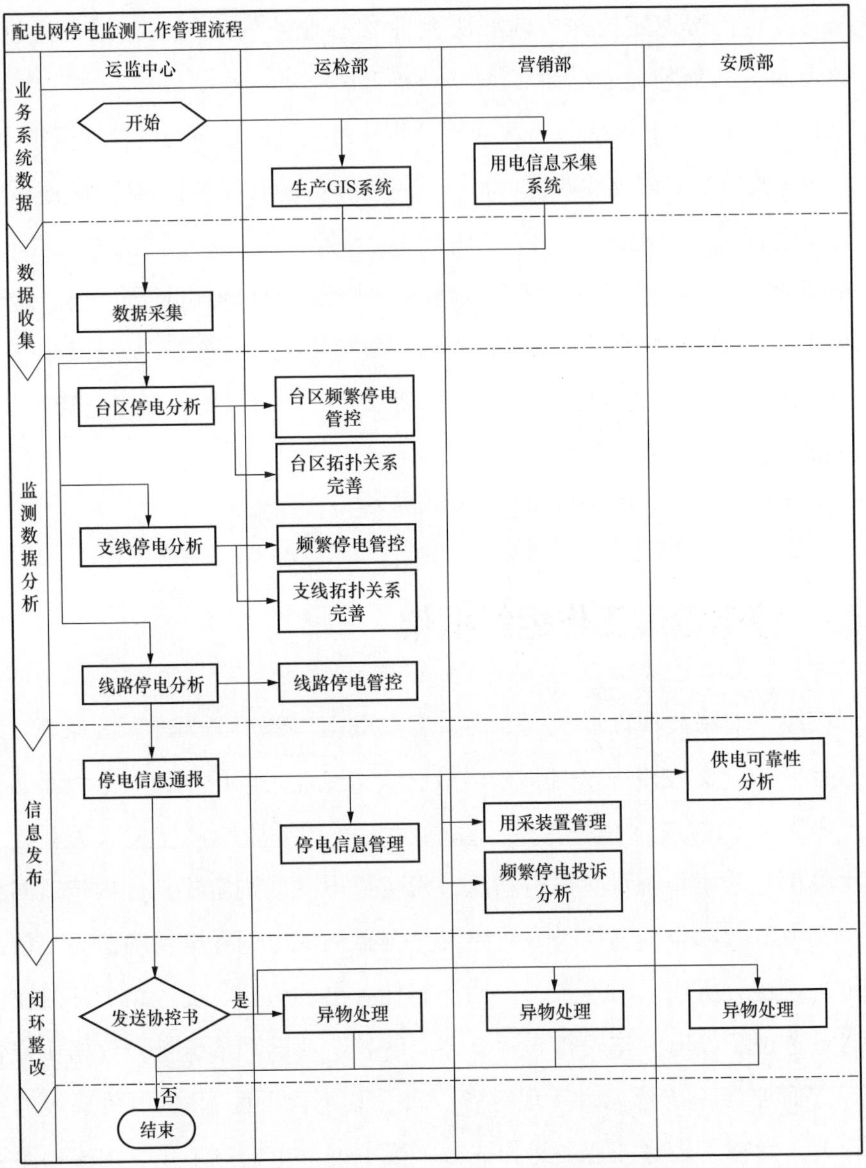

配电网停电监测工作管理流程

运监中心
运检部
营销部
安质部

业务系统数据
开始
生产GIS系统
用电信息采集系统

数据收集
数据采集

监测数据分析
台区停电分析
台区频繁停电管控
台区拓扑关系完善
支线停电分析
频繁停电管控
支线拓扑关系完善
线路停电分析
线路停电管控

信息发布
停电信息通报
供电可靠性分析
用采装置管理
停电信息管理
频繁停电投诉分析

闭环整改
发送协控书
是
异物处理
异物处理
异物处理
否
结束

图 4-1　配电网停电监测工作管理流程图

4.4　停电事件判定模型

针对配（农）网分布点多面广、分散，运维监控手段不足等现状，需要进一步转变电网运维观念，利用信息化手段、“大数据”技术进行数据挖掘与分析，主动适应当前竞争形势、巩固竞争优势，实现我国“获得电力”指标持续提升。

4.4.1 设计思路

通过获取用电信息采集终端设备记录的停电事件、上电事件和电能表记录的电压、电流等信息，配合电网 GIS 系统拓扑模型、单线图，实现对电网停电的定位、故障推演、影响范围、频度的分析。通过 PYTHON 语言开发数据分析程序固化分析模型，可以快捷实现故障过程、范围推演展现，为管理创新提供技术手段。

4.4.2 分析挖掘内容

4.4.2.1 公用配电变压器停电事件判定模型

公用配电变压器停电时，采集终端在三相输入电压低于额定电压 60% 并持续 1min 时，会记录停电事件并记录发生时间。在终端输入电压恢复，高于额定电压 80% 时，记录终端复电事件。同时电能表在公用配电变压器停电时，每 15min 对三相电压的采集也是空值。在对 2017 年至今 82.53 万条采集终端停上电事件分析后，发现由于终端电池老化、外部干扰、设备质量等因素影响，停上电事件存在不准确、不完整等现象，完整率达到 66%。表计电压数据也存在采集失败导致的数据缺失，准确率达到 98.6%。

采集终端和电能表作为两个独立的设备，采集终端停复电事件准确度至少为 65%，表计电压数据准确度也至少为 95%，对公用配电变压器实际停电的判定，通过同时匹配判断终端停复电事件发生时间与电能表记录的电压缺失时间的对应关系，能够进一步过滤掉不可信数据，实现停电事件的准确生成。

如图 4–2 所示，终端记录的停电时间 8：51 与电能表记录的 9：00 开始无电压数据匹配一致，终端复电时间 18：04 与电能表电压数据 18：15 开始又采集到电压匹配一致，可以判定该配电网变压器 2017 年 10 月 20 日 8：51~18：04 发生了停电。

事件采集时间	事件发生时间	停电时间	复电时间
2017-10-20 18:07:45	2017-10-20 8:51:00	2017-10-20 8:51:00	2017-10-20 18:04:00

0:00	0:15	0:30	0:45	1:00	1:15	1:30	1:45	2:00	2:15	2:30	2:45
237.8	237.1	238.0	237.6	237.4	237.0	236.7	237.7	236.5	237.7	236.3	238.1
3:00	3:15	3:30	3:45	4:00	4:15	4:30	4:45	5:00	5:15	5:30	5:45
238.7	237.5	237.7	237.4	237.2	237.9	238.7	238.9	238.5	238.7	237.7	236.8
6:00	6:15	6:30	6:45	7:00	7:15	7:30	7:45	8:00	8:15	8:30	8:45
237.3	238.5	237.2	237.8	237.2	237.2	236.3	235.2	237.9	238	238.1	238.5
9:00	9:15	9:30	9:45	10:00	10:15	10:30	10:45	11:00	11:15	11:30	11:45
12:00	12:15	12:30	12:45	13:00	13:15	13:30	13:45	14:00	14:15	14:30	14:45
15:00	15:15	15:30	15:45	16:00	16:15	16:30	16:45	17:00	17:15	17:30	17:45
18:00	18:15	18:30	18:45	19:00	19:15	19:30	19:45	20:00	20:15	20:30	20:45
	234.9	233.7	234.9	235.3	235.3	237	237.5	237.8	237.6	237.4	237.4
21:00	21:15	21:30	21:45	22:00	22:15	22:30	22:45	23:00	23:15	23:30	23:45
237.8	238.1	237.7	238.2	238.3	236.7	237.1	236.7	236.9	236.8	237	237.3

图 4-2　公用配电变压器停电事件判定模型示意图

4.4.2.2　10kV 分支线路停电判定模型

10kV 线路同一时间内公用配电变压器停电数量低于该线路所带公用配电变压器总数的 50%，且至少 2 个及以上公用配电变压器发生停电事件时间差异在 5min 内，结合该线路走径图分析，如停电公用配电变压器同属一个分支线，即判定为该分支开关跳闸，分支线路停电。

如图 4-3 所示，医院分支 1 号变压器、医院分支 2 号变压器、医院分支 3 号变压器发生停电事件，通过 GIS 系统线路图形拓扑关系，可以判定医院分支发生了停电。

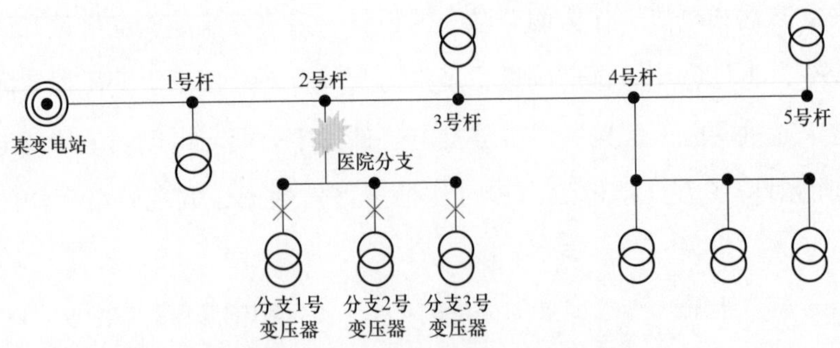

图 4-3　分支线路停电判定模型示意图

4.4.2.3 10kV 线路主干停电判定模型

同一时间内公用配电变压器停电数量达到该线路所带公用配电变压器总数量的 50%，同时该线路变电站出口侧关口表计电流为零的时间与公用配电变压器停电事件发生时间相匹配，即判定为主干线停电。

如图 4-4 所示，某变电站煤场线 1 号杆前段线路发生停电事件，变电站线路关口表电流为零，且 1~5 号杆之间 50% 以上的公用配电变压器发生停电事件，通过 GIS 系统线路图形拓扑关系，可以判定煤场线主干线发生了停电。

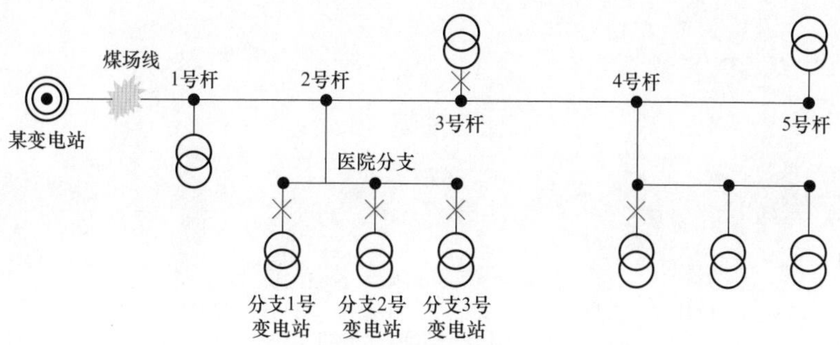

图 4-4 10kV 主干线路停电判定模型示意图

4.4.2.4 频繁停电判定模型

以月为统计周期，主干线路或分支线路停电次数大于 2 次，判定为线路频繁停电。在统计周期内公用配电变压器停电事件时长超过 2h，同时停电次数大于等于 3 次，判定为公用配电变压器频繁停电。

4.5 监测实例

春节期间电网工程停工，线路发生停电事件全部为故障停电，是对分析模型最好的验证时段。如选取 2018 年春节期间停电数据进行分析模型验证，对个别敏感数据进行脱敏处理，不影响分析方法逻辑验证，经验证分析模型实现了对故障过程的还原。

4.5.1 停电事件匹配

选取 2018 年 2 月 13~21 日 9 天时间，2 万余台公用配电变压器产生的 1800 余条终端停复电事件和 80 余万条 96 点表计电压数据进行分析。经分析匹配排除无效事件，共匹配生成终端停电事件 982 条，停电事件分布如图 4–5 所示。

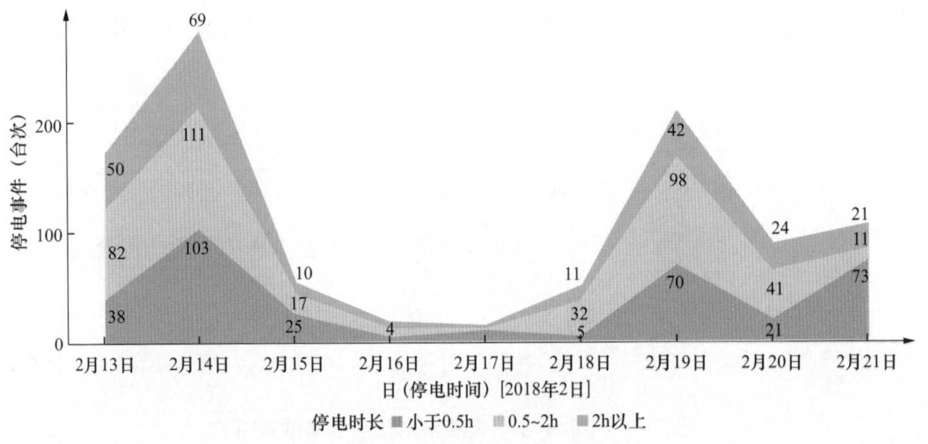

图 4–5　停电事件时长分布图

春节期间超过 1h 的停电事件主要发生在 2 月 14 日和 2 月 19 日。小于 1h 停电事件较多，停电事件平均停电时长 29min。

4.5.2 公用配电变压器停电

通过对春节期间 982 条公用配电变压器停电事件按公用变压器名称进行唯一性匹配，停电事件涉及公用配电变压器 704 台，其中停电 2h 以上的有 216 台，频繁停电的有 12 台。对停电 2h 以上的公用配电变压器进行逐一核查，停电事件准确率达到 100%。按公用变压器停电时间归类，所有公用配电变压器中只有 1 台与其他公用变压器停电时间不一致，核实原因，是由于变压器故障导致停电，其余均为线路跳闸、分支故障引起的陪停。

如表 4–1 和表 4–2 所示，终端停电事件与表计电压空值发生时间完全匹配对

表 4-1　　某公用变压器停电事件列表

停电次数	公用配电变压器名称	停电时间	复电时间	停电时长（h）
1	某公用变压器	2018-02-14 0：36：00	2018-02-14 12：36：00	12

表 4-2　　2018 年 2 月 14 日某公用变压器 A 相电压列表

A 相电压空值发生时间	0：00	0：15	0：30	0：45	1：00	1：15	1：30	1：45	2：00	2：15	2：30	2：45
电压（V）	228.4	229.6	348.4									
A 相电压空值发生时间	3：00	3：15	3：30	3：45	4：00	4：15	4：30	4：45	5：00	5：15	5：30	5：45
电压（V）												
A 相电压空值发生时间	6：00	6：15	6：30	6：45	7：00	7：15	7：30	7：45	8：00	8：15	8：30	8：45
电压（V）												
A 相电压空值发生时间	9：00	9：15	9：30	9：45	10：00	10：15	10：30	10：45	11：00	11：15	11：30	11：45
电压（V）												
A 相电压空值发生时间	12：00	12：15	12：30	12：45	13：00	13：15	13：30	13：45	14：00	14：15	14：30	14：45
电压（V）			28.3	235.2	236.3	237.2	239.7	239.2	236.2	238.6	238.2	238.8
A 相电压空值发生时间	15：00	15：15	15：30	15：45	16：00	16：15	16：30	16：45	17：00	17：15	17：30	17：45
电压（V）	240.9	236.7	238.8	238.6	240.2	238.1	237.4	238.4	237.3	237.9	236.5	237.1
A 相电压空值发生时间	18：00	18：15	18：30	18：45	19：00	19：15	19：30	19：45	20：00	20：15	20：30	20：45
电压（V）	239	243.9	241.9	243.1	244.5	242.2	240.7	244.4	238.8	241.4	239.2	238.5
A 相电压空值发生时间	21：00	21：15	21：30	21：45	22：00	22：15	22：30	22：45	23：00	23：15	23：30	23：45
电压（V）	239.1	238	239.2	238.9	239.2	239.9	240.1	239.9	241.8	240.6	240.8	240.6

应，生成停电事件完整。经核实，某公用变压器 2018 年 2 月 14 日 0：30 电压异常，12：30 电压恢复，紧急停电对桩头打火进行了处理。通过采集电压数据核查，如图 4–6 所示，发生故障时 C 相电压为 32.3V，A、B 两相电压升高，符合变压器 C 相接地特征。

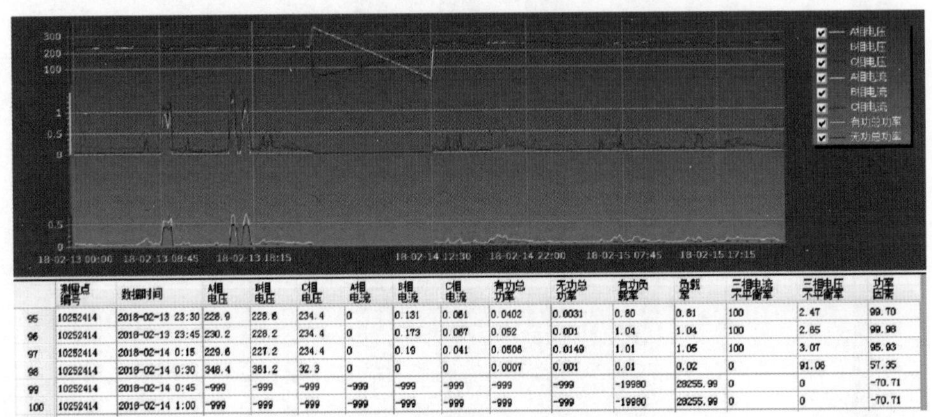

	测量点编号	数据时间	A相电压	B相电压	C相电压	A相电流	B相电流	C相电流	有功总功率	无功总功率	有功负载率	负载率	三相电流不平衡率	三相电压不平衡率	功率因素
95	10252414	2018-02-13 23:30	228.9	228.6	234.4	0	0.131	0.061	0.0402	0.0031	0.80	0.81	100	2.47	99.70
96	10252414	2018-02-13 23:45	230.2	228.2	234.4	0	0.173	0.067	0.052	0.001	1.04	1.04	100	2.65	99.98
97	10252414	2018-02-14 0:15	229.6	227.2	234.4	0	0.19	0.041	0.0506	0.0149	1.01	1.05	100	3.07	95.93
98	10252414	2018-02-14 0:30	348.4	361.2	32.3	0	0	0	0.0007	0.001	0.01	0.02	0	91.06	57.35
99	10252414	2018-02-14 0:45	-999	-999	-999	-999	-999	-999	-999	-999	-19980	28255.99	0	0	-70.71
100	10252414	2018-02-14 1:00	-999	-999	-999	-999	-999	-999	-999	-999	-19980	28255.99	0	0	-70.71

图 4–6　某公用变压器电压波形图

4.5.3　10kV 分支线路停电

按分支线路停电判断模型，经与 GIS 系统停电位置进行匹配，春节期间共发生 26 起支线停电，准确率 100%，分析发现部分支线存在反复停电现象。

如表 4–3 停电事件列表所示，3 台公用配电变压器停电、复电时间差异在 1min 以内，经与表 4–4 中电压进行匹配，停电事件完全对应。可以认定存在分支停电，经与 GIS 图形、单线图和公用配电变压器挂接台账进行关联，上述 3 台公用配电变压器同属于某线分支，认定为该分支停电。

经现场调查核实，××湖分支 2018 年 2 月 14 日 4：45、12：00、13：00 三次发生跳闸，巡检未发现异常恢复供电。17：00 再次跳闸，怀疑 2 号开关本体故障，将 2 号开关连通，未再发生跳闸情况。通过支线路停电模型判断的分支停电事件完整记录了整个停电的过程和范围，验证了模型的正确性，同时反映出低压电网运维还存在管理薄弱环节。

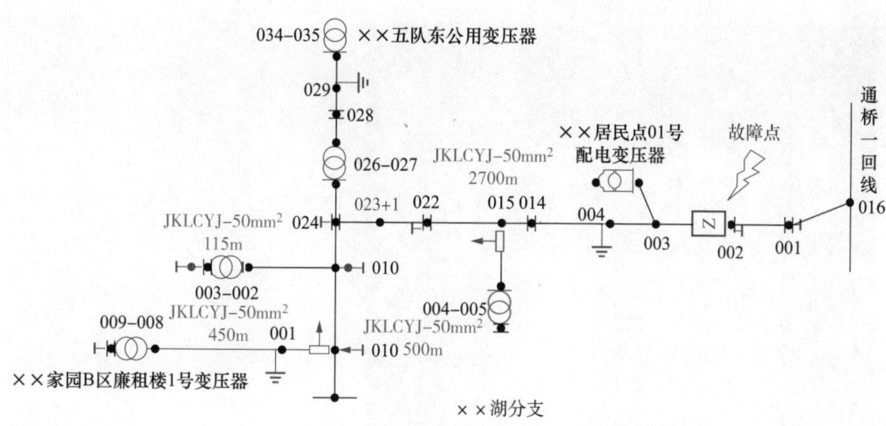

图 4-7 GIS 图形匹配截图

表 4-3 停电事件列表

停电次数	公用配电变压器名称	停电时间	复电时间	停电时长（h）
1	×× 五队东公用变压器	2018-02-14 4：55：00	2018-02-14 5：53：00	0.97
	×× 家园 B 区廉租楼 1 号变压器	2018-02-14 4：56：00	2018-02-14 5：54：00	0.97
	×× 居民点 01 号配电变压器	2018-02-14 4：55：00	2018-02-14 5：53：00	0.97
2	×× 五队东公用变压器	2018-02-14 12：00：00	2018-02-14 12：20：00	0.33
	×× 家园 B 区廉租楼 1 号变压器	2018-02-14 12：00：00	2018-02-14 12：21：00	0.35
	×× 居民点 01 号配电变压器	2018-02-14 12：00：00	2018-02-14 12：21：00	0.35
3	×× 五队东公用变压器	2018-02-14 13：20：00	2018-02-14 13：45：00	0.42
	×× 家园 B 区廉租楼 1 号变压器	2018-02-14 13：21：00	2018-02-14 13：45：00	0.4
	×× 居民点 01 号配电变压器	2018-02-14 13：22：00	2018-02-14 15：46：00	0.4
4	×× 五队东公用变压器	2018-02-14 17：41：00	2018-02-14 18：33：00	0.87
	×× 家园 B 区廉租楼 1 号变压器	2018-02-14 17：41：00	2018-02-14 18：34：00	0.88
	×× 居民点 01 号配电变压器	2018-02-14 17：40：00	2018-02-14 18：33：00	0.88

表 4-4　　2018 年 2 月 14 日台区 A 相电压列表

公用配电变压器名称	时间															
	0：00	0：15	0：30	0：45	1：00	1：15	1：30	1：45	2：00	2：15	2：30	2：45	3：00	3：15	3：30	3：45
××五队东公用变压器	226.9	226.8	226.9	227.2	227.2	227.1	227.1	227.3	227.2	227.4	227.4	227.7	227.7	227.6	227.4	227.3
××家园B区廉租楼1号变压器	228.9	228.8	229	229.3	229.2	229.1	229.3	229.2	229.4	229.4	229.6	229.5	229.5	229.3	229.1	229.3
××居民点01号配电变压器	228.9	228.8	229	229.3	229.2	229.1	229.3	229.2	229.4	229.4	229.6	229.5	229.5	229.3	229.1	229.3

公用配电变压器名称	时间															
	4：00	4：15	4：30	4：45	5：00	5：15	5：30	5：45	6：00	6：15	6：30	6：45	7：00	7：15	7：30	7：45
××五队东公用变压器	227.5	227.3	227.1	227.2				225.4	226.6	226.9	226.8	226.7	226.6	226.5	226.8	226.3
××家园B区廉租楼1号变压器	228.9	228.6	228.6	228.7				228.9	228.9	228.4	228.3	228.3	228.1	228.2	228.4	228.2
××居民点01号配电变压器	228.9	228.6	228.6	228.7				228.9	228.9	228.4	228.3	228.3	228.1	228.2	228.4	228.2

续表

公用配电变压器名称	时间															
	8：00	8：15	8：30	8：45	9：00	9：15	9：30	9：45	10：00	10：15	10：30	10：45	11：00	11：15	11：30	11：45
××五队东公用变压器	226.1	226.3	226.1	225.5	226	224.6	224.8	224.7	223.8	223.1	225.7	224.3	224.5	224.6	225.9	225.4
××家园B区廉租楼1号变压器	227.1	228.6	232.6	232.5	231.3	227.9	227.7	227.5	227.3	231.7	230.6	229.5	228	227.9	228	235
××居民点01号配电变压器	227.1	228.6	232.6	232.5	231.3	227.9	227.7	227.5	227.3	231.7	230.6	229.5	228	227.9	228	235

公用配电变压器名称	时间															
	12：00	12：15	12：30	12：45	13：00	13：15	13：30	13：45	14：00	14：15	14：30	14：45	15：00	15：15	15：30	15：45
××五队东公用变压器		225.2	226	225.5	225.4	225.5		225.2	226	226.3	225.7	226.1	226.7	226.6	226.7	226.4
××家园B区廉租楼1号变压器		232.7	231.3	231.5	229.3	232.7		232.1	238.9	233.7	231.4	225.8	232.2	230.1	230.4	231.8
××居民点01号配电变压器		232.7	231.3	231.5	229.3	232.7		232.1	238.9	233.7	231.4	225.8	232.2	230.1	230.4	231.8

续表

公用配电变压器名称	时间															
	16：00	16：15	16：30	16：45	17：00	17：15	17：30	17：45	18：00	18：15	18：30	18：45	19：00	19：15	19：30	19：45
××五队东公用变压器	226.4	227	226.8	226.6	225.6	225.7	225.5				225	226.3	225.3	226.5	226.2	225.7
××家园B区廉租楼1号变压器	231.8	231.6	227.7	231.8	230.5	231.4	230.8				227.2	228.9	236.5	233.6	229.3	231
××居民点01号配电变压器	231.8	231.6	227.7	231.8	230.5	231.4	230.8				227.2	228.9	236.5	233.6	229.3	231

公用配电变压器名称	时间															
	20：00	20：15	20：30	20：45	21：00	21：15	21：30	21：45	22：00	22：15	22：30	22：45	23：00	23：15	23：30	23：45
××五队东公用变压器	226.2	225.6	225.3	225.4	225.5	226.5	226.3	226.1	225	226.1	226.3	225.7	225.8	225.6	226	226.4
××家园B区廉租楼1号变压器	235.6	232.5	228.1	227.5	228.1	229.8	229	228.5	229.8	228.8	228.9	228.7	228.8	228.5	228.3	228.8
××居民点01号配电变压器	235.6	232.5	228.1	227.5	228.1	229.8	229	228.5	229.8	228.8	228.9	228.7	228.8	228.5	228.3	228.8

4.5.4 10kV 线路主干停电

按主干线路停电判断模型，经与关口表计电流进行匹配，春节期间主干线路共发生 22 起停电，判定准确率 100%。

表 4–5 中 38 台 2018 年 2 月 20 日和 21 日存在两批次停电、复电时间差异在 1min 以内的停电事件。经与表 4–6 和表 4–7 电压进行匹配，停电事件完全对应，经与关口表计进行关联匹配查询，发现停电事件发生期间关口表计电流为零，如图 4–8 所示，可以认定为台区所属主线 ×× 线停电。

经现场核实，2018 年 2 月 20 日 18：40，×× 线开关跳闸，巡查发现 ×× 家园小区分支线电缆沟起火导致相间短路。2018 年 2 月 21 日 8：35，×× 线再次跳闸，巡查发现故障点为主干线 #001 杆引流线烧断。

表 4–5　　某线路公用配电变压器停电事件列表（示例）

停电次数	公用配电变压器名称	停电时间	复电时间	停电时长（h）
1	×× 家苑 1 号变压器间隔配电变压器	2018–02–20 18：46：00	2018–02–21 0：02：00	5.27
	516×× 线 ×× 廉租 2 号变压器	2018–02–20 18：45：00	2018–02–21 0：01：00	5.27
	×× 劳务移民安置区配电变压器	2018–02–20 18：45：00	2018–02–21 0：01：00	5.27
	×× 商业广场配电变压器	2018–02–20 18：45：00	2018–02–21 0：01：00	5.27
2	×× 家苑 1 号变压器间隔配电变压器	2018–02–21 12：36：00	2018–02–21 16：25：00	3.82
	516×× 线 ×× 廉租 2 号变压器	2018–02–21 12：36：00	2018–02–21 16：25：00	3.82
	×× 劳务移民安置区配电变压器	2018–02–21 12：36：00	2018–02–21 16：25：00	3.82
	×× 商业广场配电变压器	2018–02–21 12：37：00	2018–02–21 16：28：00	3.85

表 4-6　　2018 年 2 月 20 日台区 A 相电压列表

公用配电变压器名称	台区 A 相电压空值发生时间															
	16：00	16：15	16：30	16：45	17：00	17：15	17：30	17：45	18：00	18：15	18：30	18：45	19：00	19：15	19：30	19：45
××家苑1号变压器间隔配电变压器	231.5	232.3	231.2	230.5	229.5	228.6	228.7	228.7	228.9	229.1	230.2	230.5				
516××线 ××廉租2号变压器	250.7	251.2	250.5	249.9	249.1	248.4	247.6	247.9	248.3	247.9	248.9	248.7				
××劳务移民安置区配电变压器	241.5	241.6	241.1	239.9	239.7	239.3	238.5	238.2	239	238.9	239.6	239.6				
××商业广场配电变压器	237.2	237.2	236.9	235.5	234.8	232.5	232.6	232.4	232.7	233.5	234.3					

公用配电变压器名称	台区 A 相电压空值发生时间															
	20：00	20：15	20：30	20：45	21：00	21：15	21：30	21：45	22：00	22：15	22：30	22：45	23：00	23：15	23：30	23：45
××家苑1号变压器间隔配电变压器															122	121
516××线 ××廉租2号变压器																124.2
××劳务移民安置区配电变压器																119.1
××商业广场配电变压器																210.3

表 4-7　　2018 年 2 月 21 日台区 A 相电压列表

公用配电变压器名称	某台区 A 相停电事件时间															
	12：00	12：15	12：30	12：45	13：00	13：15	13：30	13：45	14：00	14：15	14：30	14：45	15：00	15：15	15：30	15：45
×× 家苑 1 号变压器间隔配电变压器	133.2	119.5	139.9													
516×× 线 ×× 廉租 2 号变压器	213.2	208.3	219.8													
×× 劳务移民安置区配电变压器	225	227.3	224.5													
×× 商业广场配电变压器	145.9	129.5	149.6													
公用配电变压器名称	16：00	16：15	16：30	16：45	17：00	17：15	17：30	17：45	18：00	18：15	18：30	18：45	19：00	19：15	19：30	19：45
×× 家苑 1 号变压器间隔配电变压器		231.4	231.2	230.8	230.1	228.9	228	229.3	228.5	228.9	229.7	229.9	229.7	229.9	229.6	228.9
516×× 线 ×× 廉租 2 号变压器			236.5	237.2	232.2	232.1	232.5	233	232.1	232.9	233.5	234.4	233.9	235.4	235.2	233.8
×× 劳务移民安置区配电变压器		226.2	225.5	226.6	226.1	225.5	226.1	224.7	224.5	224.8	225.4	225.3	225.5	225.6	225.5	224.8
×× 商业广场配电变压器			249.8	249.9	249.8	248	247.4	248.6	248.1	248.5	248.9	249.4	249.2	249.2	248.8	248.2
公用配电变压器名称	20：00	20：15	20：30	20：45	21：00	21：15	21：30	21：45	22：00	22：15	22：30	22：45	23：00	23：15	23：30	23：45
×× 家苑 1 号变压器间隔配电变压器	228.1	227.8	226.4	228.9	228.6	228.6	228.7	229.4	229.6	229.5	228.2	228.1	227.3	229.2	229.4	229.7
516×× 线 ×× 廉租 2 号变压器	232.6	231.3	231	234.1	233.4	233.4	233.9	233.3	232.5	232.4	231.2	233	231.7	235.7	234	234.1
×× 劳务移民安置区配电变压器	224.4	223.5	223.8	224.7	224.5	224.7	224.8	225.1	225.6	225.3	224.5	223.4	223.3	226.5	225.1	225.3
×× 商业广场配电变压器	247.3	247.1	245.9	248	247.7	247.6	247.7	248.7	249.1	248.5	247.7	246.3	247.1	248.5	248.6	249.1

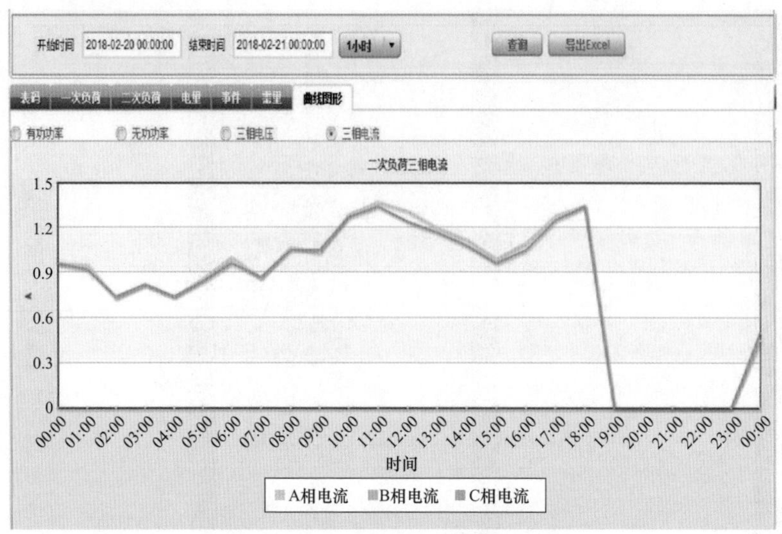

图 4–8　关口表计电流信息截图

4.6　模型监测成果

国网宁夏电力公司自 2018 年 3 月开展配电变压器停电监测以来，停电情况明显改善，同比减少 17.26%，2018 年 1~5 月配电网供电可靠性提升了 0.24%。整体供电质量水平得到提升，为内涵式发展起到了有力的支撑和促进作用，如图 4–9 所示。

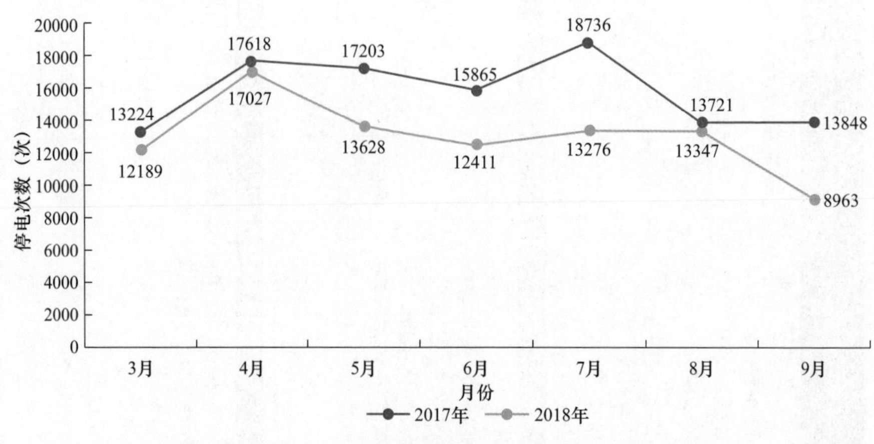

图 4–9　公用变压器台区停电提升情况

4.7 深化应用促管理提升

（1）深化停电监测分析，实现停电管理精益化。应用用电信息采集的大量明细数据，利用拓扑关系及业务规则展开监测分析，既反映了配电网停电管理的现状，又反过来对系统停电信息的逻辑性进行了校验。

1）停电信息全面监测。综合应用各系统的配电网停电信息数据，清晰透视线路、分支线和台区的具体停电信息，根据运检部对 10kV 线路、分支线和台区重复停电的定义，自动筛选出频繁停电明细，为相关部门制定工作计划、绩效考核等管理工作提供有效数据支撑（见表 4–8）。通过大数据技术进行加工处理，完整地展现了配电网故障发展的过程和抢修执行情况。

表 4–8　　停电事件大数据分析视角

序号	分析视角	分析方法
1	停电恢复时长分析	从台区、线路两个维度，分时段对停电数量占比、电网性质（城、农）进行分析
2	停电范围分析	从台区、线路两个维度对单位、停电影响用户数进行分析
3	停电频次分析	从台区、线路、单位三个维度，对停电次数进行排序分析
4	敏感时段分析	从用电高峰期、节假日、特殊保电时段进行台区、线路停电数量分析
5	停电原因分析	对停电原因进行核查后分类进行统计分析，分单位、线路排序
6	停电关联分析	将停电事件结合报修、投诉工单进行关联分析
7	停电趋势分析	从较长时段数据对台区、线路停电的频次进行趋势分析，环比、同比变化情况

2）停电分类统计。按线路、分支、台区分类统计设备停电计划执行情况，结合设备故障停电，研判停电计划的合理性，为设备的年、季、月、周停电计划提供参考，提升停电计划编制的合理性。

3）开展薄弱环节诊断。从运维单位、设备名称、线段名称、停电时间、停电性质（计划、故障）、停电原因等角度，监测配电网 10kV 线路及分支线频繁停电情况，深入分析停电点和原因，通过分析停电数据对线路薄弱环节进行诊断，督促解决处理，提高基层运维管理水平。

4）开展频繁停电预警。利用线路、支线、台区全覆盖的停电信息、停电状况、停电位置信息，按月、季、年发布频繁停电预警，对重复停电的线路、线段、台区发送协调控制任务书，预警运维人员，减少设备频繁停电，提高供电可靠性。

5）加强数据治理。完整、准确的数据是实施配电网停电精准定位、精确监测的基础，建立日常营配调数据维护机制，以工具实用化为导向，以数据质量评估功能为依托，按照源头追溯原则，数据源负责单位在数据发生变更时及时完成相应系统的维护，各单位强化数据异动的日常监控，加强数据及时性的考核，确保数据维护和业务处理同步，保障增量数据及时更新。开展设备贯通性普查、拓扑关系合理性检查、线路停电准确性普查、用采装置现场检查等工作，强化数据质量责任机制，结合业务运行常态开展系统数据管理，提升数据质量。

（2）提升运监工作机制，实现问题闭环处理。

1）发布监测分析报告。建立定期通报机制，按周发布停电监测成果，不定期发布专项监测分析报告，及时通报专题监测分析结果。

2）异动问题协调处理。针对监测过程中发现的异动和问题，以及深入分析后发现的问题进行统一管理，及时派发运监协调控制任务书，跟踪异动问题的处理情况，协调相关部门消除异动、解决问题，评价异动问题的解决成效。

3）多方会商。对于监测分析中发现的重大问题和共性问题，在研讨会议上，会同各专业部门进行会商，讨论解决措施。

4）公司例会通报。在公司早调会上，通报监测发现的风险、异动和问题，明晰责任界面，提出改进建议，并在公司决策批准后，督促改进和实施效果评价，实现分析结果有效落地。

（3）固化场景，实现配电网停电常态监测。通过 Tableau 工具的高级功能，研究明细数据级的多维度动态交互分析。基于配电网拓扑结构，通过监测规则应用、数据搜索定位等功能实现停电信息精确查找和匹配。通过工具的应用，展示“台区→分支线路→线路”的停电情况和关联信息。利用 Tableau 工具交互、可视化的特点，实现了停电信息的场景展示，如图 4–10 所示。

4.7.1 建立部门联合管理模式

4.7.1.1 健全工作组织机构

为保障配电网停电监测工作持续有效开展，健全了工作组织机构，成立工作组，由省公司牵头组织，安质部、运检部协同配合。同时地市公司各部门参加的工作组织机构，将工作职责细化到各供电所员工，如图 4–11 所示。

4.7.1.2 明确各专业部门职责

为确保工作开展质量，明确了各部门职责，形成分工负责，专业协同的工作局面。

互联网部负责牵头开展停电监测；按周（天）更新发布停电监测结果；开展监测数据分析，定期通报典型异动问题；承担停电监测相关专业系统数据的数据资产管理职能。

运检部负责数据映射关系表维护管理；提供配电网拓扑结构数据；应用停电信息透视等功能全面加强基层配电网队停电管控；分析停电结果，开展配电网运行薄弱环节诊断，优化降低设备停电次数；开展分支线、台区频繁停电预警。同时负责根据监测成果的数据质量分析结果，牵头开展可靠性系统停电数据质量管理，包括台区停电事件漏报、瞒报，促进供电可靠性指标提升。确保停电信息中的停电原因填报准确，杜绝随意填写，确保与实际情况一致。

营销部负责加强用电信息采集装置管理，根据监测成果提示的台区停电事件缺失信息进行问题核查和消缺。

配电网停电监测-台区停电

台区停电分析

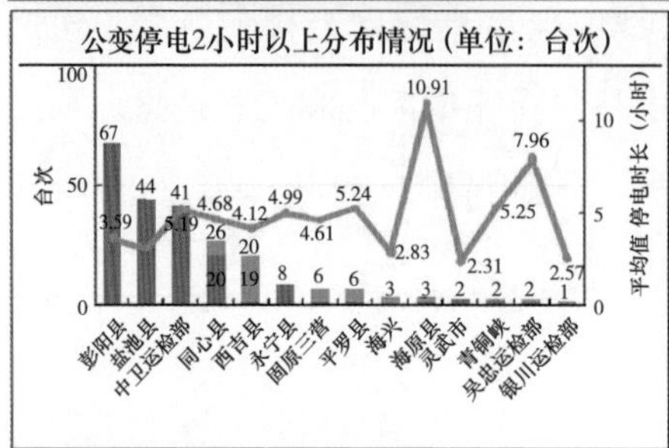

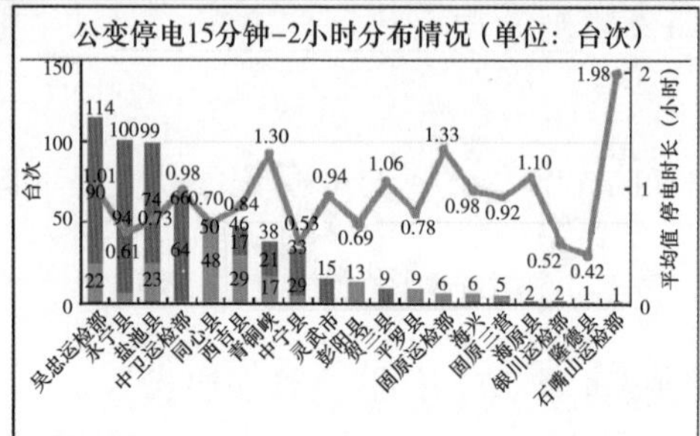

停电时段分析

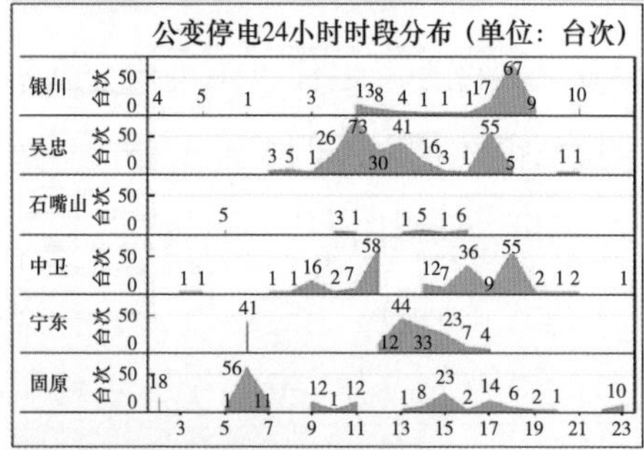

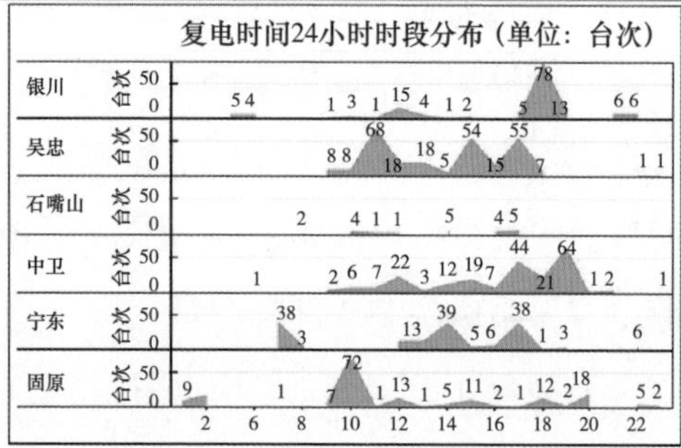

按日停电分析

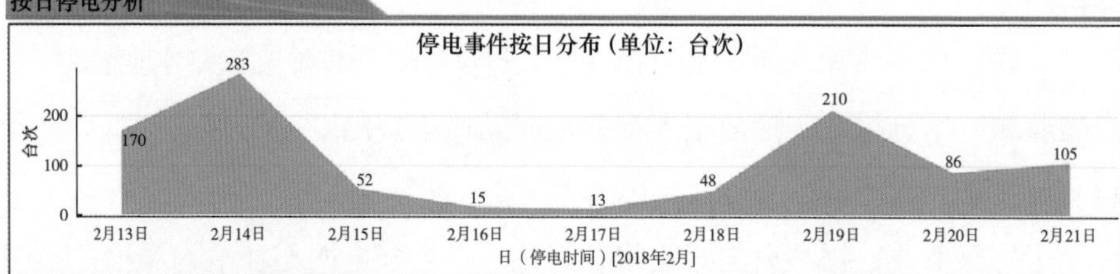

明细查看

用户所在地市..	用户所在区县单位	台区编号	台区名称	停电时间 秒	复电时间 秒	
固原	固原客户服务中心	0200578903	南郊变525试验区线01号公变	2018-02-18 17:26:00	2018-02-18 18:41:00	1.25
		0200581942	南郊变515长丰线1号公变	2018-02-18 17:23:00	2018-02-18 18:38:00	1.25
		0200581946	南郊变515长丰线2号公变	2018-02-18 17:24:00	2018-02-18 19:07:00	1.72
		0200585142	大堡六队01#配变	2018-02-18 17:22:00	2018-02-18 18:37:00	1.25
		0200591206	南郊变515长丰路线11号公变变..	2018-02-18 17:23:00	2018-02-18 18:39:00	1.27
		6200864404	中河变518九开II线06号公网变..	2018-02-18 17:23:00	2018-02-18 18:38:00	1.25
	国网固原市三营供电公司	0200580165	中河变514长城线明堡新村回区1..	2018-02-18 17:14:00	2018-02-18 22:09:00	4.92
		0200580166	中河变514长城线明堡新村回区2..	2018-02-18 17:13:00	2018-02-18 22:07:00	4.90
		0200580167	中河变514长城线明庄一队1号公变	2018-02-18 17:13:00	2018-02-18 18:03:00	0.83
		0200584937	官厅变513张崖线王槽1号公变	2018-02-16 15:20:00	2018-02-16 18:26:00	3.10
				2018-02-16 19:22:00	2018-02-16 20:36:00	1.23
		0200585137	中河变514长城线长城三队1号公变	2018-02-18 17:13:00	2018-02-18 18:03:00	0.83

图 4–10　Tableau 展示场景

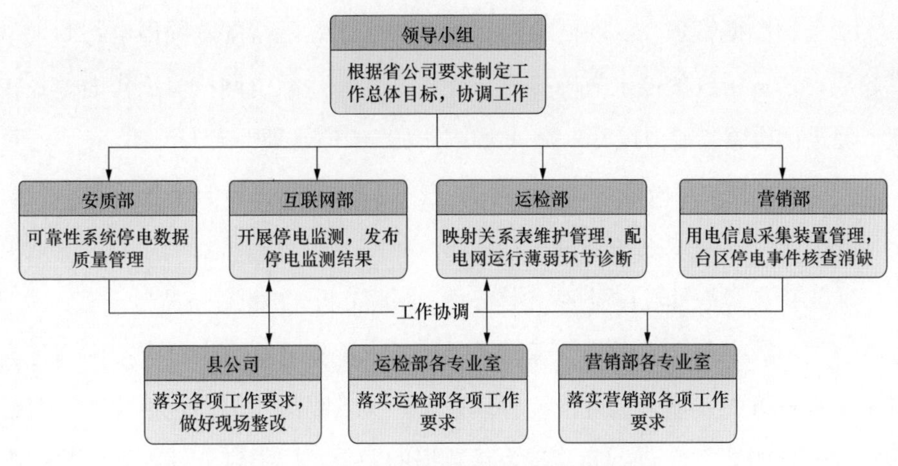

图 4-11　停电管理监测工作组织架构

县公司及供电所反馈故障原因，提升运维管理水平。

4.7.1.3　构建协调运转机制

建立各方共同应用监测成果的协同运转机制，公司重在典型问题通报、数据管理和效益挖掘。运检部重在透明掌握基层班组设备停电信息，加强设备运行管理，强化停电信息管理，优化降低设备停电，提升供电可靠性指标。营销部加强用采装置管理和频繁停电投诉分析。

4.8　价值与成效

配电网故障停电管理机制与配电网停电监测模型的有机结合，充分挖掘了大数据资产价值，贯彻了用数据说话、数据管理、数据决策、数据创新的监测工作管理思路。

（1）用数据说话，提升停电信息准确性。通过大数据建立的配电网停电判断模型，能够将过去“自下而上”报表式管理模式转变为主动发现模式，显著提升停电信息准确性，减少故障停电瞒报、漏报问题。通过对配电网停电的量化评价，在各层级均能够实现停电问题的直观量化比较，提升配电网管理水平。

（2）用数据管理，反映配电网运维工作水平。随着配电网停电判断模型日趋成熟，从粗放的停电故障排查工作模式向精益配电网抢修工作的模式转变，促进优质服务能力提升，降低配电网运维中的管理性人力消耗。

（3）用数据决策，辅助农网改造决策。基于大数据分析的配电网停电管理，全面提升了公司对农网改造的掌控能力。通过地域分布特点确定农网改造项目的重点工作区域；通过逐月变化趋势动态跟踪分析配电网停电情况。

（4）用数据创新，引领管理模式转变。大数据分析方法可以推广到各类日常管理业务中，显著提升传统管理效率。大数据应用方向包括生产、营销和日常管理的方方面面，只要有大量数据的积累，就一定能够找到大数据支撑业务管理模式提升的结合点，解决常规管理模式中的难题。当大数据分析方法日趋完善并在实践中不断被验证，分析成果不断支撑业务管理工作效率显著提升的时候，必将起到引领管理模式转变的作用，全面提升运营管理效率和运营决策精准度。

4.8.1 建立全流程信息化停电管理体系

（1）实现停电信息线上全采集。停电管控全面覆盖台区、支线、主线，并按照“配电变压器结合配线”的原则实施有效归并。

（2）实现停电信息线上“全流程贯穿”。具体包含生产（PMS）系统到营销系统的信息贯通。

（3）实现停电管理线上线下互动。包括增强企业各部门间的信息共享以及逐步实现高级应用功能等方面。

4.8.2 应用范围

配电网停电监测分析结果为工作人员提供了多专业管理依据。

（1）帮助运检专业诊断、查找停电原因不明的因素，例如，引导检修人员由凭经验无序排查故障到根据线路图纸、参数，科学有效排查故障。

（2）针对设备老化一时不能全部更换升级的情况下，引导检修人员由故障后接到抢修电话被动抢修变为主动定期巡检，根据监测以往抢修电话情况，及时在故障停电区域告知恢复送电时间。

（3）及时开展恶劣天气时的跳闸监测分析，全力保障迎峰度夏电网设备稳定。针对夏季高温、雷雨等气候特点，加强设备状态监测和消缺维护，加强配电设备防汛、防潮、防雷、防鸟害管理；为电网风险预警提供数据支持，有效应对雷雨、冰雹等恶劣天气，助力运行管理部门未雨绸缪。

（4）消除一些鸟害、树害。由于配电网巡检管理不到位，有时未在鸟窝形成之初和树木长高之初发现问题，从而造成鸟窝形成和树木对导线距离不足，引起鸟害、树害，建议定期巡检，将线路的巡检落到实处。

（5）发现 10kV 配电网抵御自然灾害的能力低，但一些因为雷击、雨雪、大风造成的跳闸，是由于规划不够超前，裕度过小等原因造成的。建议严格按照现有设计规范、标准进行规划、施工建设。

（6）建议营销部加强对所辖客户线路的检修试验督导，减少、避免客户线路频繁跳闸；营业电费室、各县公司要从售电量和减少客户线路故障冲击电网两方面来督导、管控客户线路。

（7）建议生产人员对重复停电给客户带来的不便要有更深刻的认识，遵循“基建为生产服务、生产为营销服务、营销为客户服务”的服务宗旨，对 10kV 线路重复停电的审批要更加严格。

（8）建议配电网规划要以城市和农村客户同等供电质量为目标，进行规划布局。改变农村配电网规划目标比城市低、供电可靠考核农村比城市低的局面，农村客户和城市客户一样的电价，不能人为降低农村供电质量。

4.8.3 管理成效

（1）节省成本，管控有效。基于大数据的分析，在创新管理模式方面展示出了巨大的价值，对于解决频繁停电，提升电网运维分析、管理质量具有现实意义，相对传统配电网“自下而上”通过报表报告式的上报管理和投巨资全面覆盖配电网自动化设备方面，具有“自上而下、管控有力、节省管理成本”等特点，确实能显著提升管理水平，有效指导检修（不停电作业）、电网规划、配电网建设和客户管理更有针对性的开展工作。

（2）变被动管理为主动分析。通过主动分析发现电网故障，准确掌握电网运维实际，避免“上下信息不对称”“指标好看”等管理缺陷。

（3）掌握故障过程，有的放矢。通过对春节停电事件的过程分析发现确实存在对故障点查找判断不清导致的反复停电；存在分支开关故障引起越级跳闸或反复停电；存在配电网保护配置不合理；存在运维不到位超声波检查局部放电、设备试验等缺失未发现缺陷，多起电缆头烧毁、电缆击穿；存在巡视不够，线夹松脱、鸟害引起跳闸等，反映配电网尤其是农网基础管理还需要加强的现状。故障分析模型实现了对故障过程的分析展现，规范运维人员必须将问题核查准确，杜绝了敷衍性质的故障分析报告。

（4）细化配电网故障对客户的影响分析。生产是服务于营销的，为减少因供电可靠性引发的投诉情况，根据公司职能划分，台区至电能表的低压线路归运检部维护，从客户的报修统计来看，故障较多发生在低压部分，根据报修数据统计出故障频繁的台区，运检部进行针对性的运维，起到了很好的支撑作用。

（5）推进“协同管理”融合。生产、营销、安质等专业建立新型协同工作机制，强化协调配合，树立更高层次的全局意识，促进跨部门、跨专业、跨层级协同运转，形成主动协作、自觉服务的行为习惯，推动各项工作高效前进。

（6）推进综合治理。业务部门重视配电网重复停电的整改工作，配电网运行管理水平全面提升。针对频繁停电，业务部门高度重视，针对通报内容，从业务源头查找，梳理异动原因，针对不同的异动原因，开展专项整治工作，通过制定合理的检修计划、加强临时停电管理工作等手段，不断提升配电网设备运行水平。

（7）契合电力体制改革的需要。对于希望通过线上数据精准定位停电范围，减少停电损失，提高供电可靠性，提升用户满意度，或者希望在输配电价改革背景下，创新提升供电服务绩效的单位，具有广阔的应用前景：一方面后续可以支撑检修和客服业务，另一方面，后续营销部门可以通过停电损失计算，进一步评估生产运维业务对增供促销的影响，提高电网精益化管理水平。

（8）充分应用了信息化建设成果。将智能电表建设成果和营配贯通成果在更精准的范围内开展研究，以精准统计停电损失为最终落脚点，为精准诊断生产经营管理问题提供支撑，契合了电力体制改革的需要。

（9）提升基础管理。分析还发现部分用电信息采集终端存在时钟不准运维不到位、变压器挂接关系等电网基础台账错误、GIS 图形错误等基础管理问题。

供电服务全视角跟踪监测

5.1 基本概念

供电服务包含业扩报装、故障抢修、客户投诉、供电质量等业务。

随着社会进步，客户对有价值、体验式服务的诉求越来越多，对电网企业精准投入、精益管理、精细作业的要求也越来越高，现有服务体系机制仍存在服务资源分散、后台支撑不足、“互联网+”服务客户体验不佳、数据价值挖掘不强、营配电网格尚未完全融合等问题，制约电网企业服务能力进一步提升。

为进一步深化认识，切实强化供电服务水平，开展供电服务全视角跟踪监测，从用户业扩报装到用户报修、客户投诉等各环节深入监测，通过业务全视角跟踪监测，提升电网企业主动服务意思，提高供电服务水平。

5.2 业扩报装流程监测

电网企业以客户需求为导向，优化业扩报装流程，精简业扩办事手续，提升报装服务以实现“便民、为民、利民”，开展业扩报装全流程监测，重点从规模、效率、质量、合规等维度对业务流程、关键业务环节的服务响应速度、流程完成时限开展监测，及时发现业扩报装流程执行绩效、工作质量存在问题。

在业扩报装监测基础上，为深入落实“创建一流供电营商环境、提升优质服务水平”的总体要求，推进“低压项目平均报装时间压缩至5天以内”“高压用户平均办电时间不超过35天”“低压小微企业客户办电环节压减至2个以内”“10kV及以上客户办电环节压减至4个以内”的工作目标实现，互联网部协同营销部以第三方视角对优化营商环境情况开展监测。下文介绍国网宁夏电力公司在这一领域的探索与实践。

5.2.1 监测业务框架

业扩报装流程监测重点关注业扩报装总量、平均接电时长情况和服务时限达标情况，以及供电方案答复、设计文件审核、中间检查、竣工检验、装表接电等关键业务环节（见图 5-1 和附录 1）的处理时长情况。

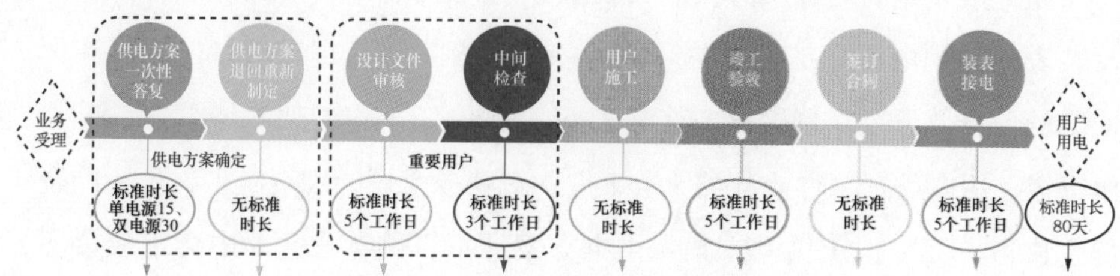

图 5-1 业扩报装关键业务环节流程图

借鉴世界银行营商环境评价体系，立足“第三方”监测视角（见图 5-2），外部视角看公司，公司视角看运营，依托外部环境数据和企业内部数据“双驱动”，以时间、成本、效率为重点，主要从便利性、及时性、经济性、可靠性、互动性五大视角的客户交互环节、非客户交互环节、便捷服务提供、全流程时长等 14 项监测业务开展拓展监测，对用电营商环境进行全方位、多角度、多层级的可视化全景监测，充分发挥运监中心客观中立的监督职能，持续提升客户服务的便捷性、精准性和实效性，增强电力客户获得感和幸福感。

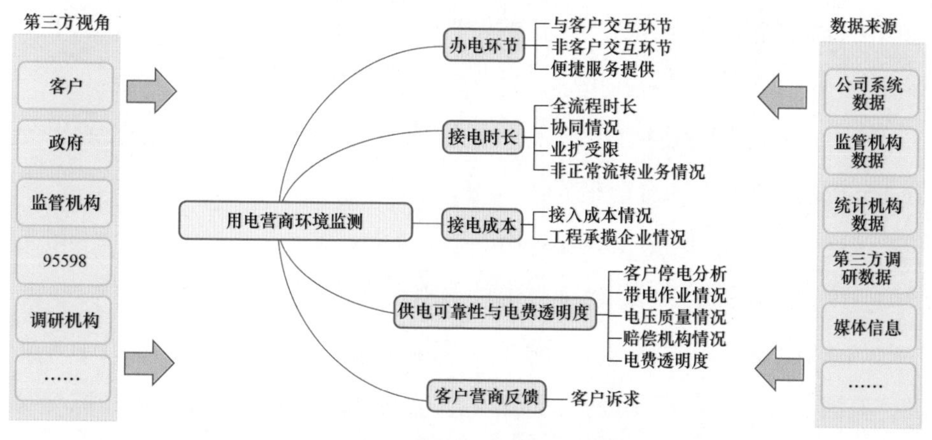

图 5-2 营商环境监测框架图

5.2.2 监测内容

业扩报装监测通过实时获取营销业务应用系统用户高压新装、高压增容及装表临时用电等业扩流程各环节所涉及的客户申请用电信息、流程实例、代码的信息、环节实例等核心业务表基础数据，按供电单位、报装类别、电压等级、用电类别、行业分类 5 个维度，对业务受理、勘查派工、现场勘查、拟定供电方案、拟定供电方案、供电方案评审、供电方案集中会审或会签、答复供电方案、费用确定、审核、接入系统设计要求拟定、受理接入系统设计、设计文件受理、设计文件审核、接入系统设计要求答复、可研编制、可研批复、费用审核、费用审批、业务收费、复核、一级审批、二级审批、工程施工、工程验收、中间检查受理、中间检查、竣工报验、竣工检验、签订供用电合同、配表、设备出库、设备入库、安装派工、装表、送电、安装采集终端、维护用户采集点关系、信息归档、新户分配抄表段、客户空间位置及拓扑关系维护、客户回访、归档共计 43 个环节完整、准确监测。

5.2.3 监测方法及实例

5.2.3.1 业扩报装总体规模监测

（1）监测方法。通过“运营数据管理工具→数据钻取分析→营销业务主题监测→业扩报装工单明细→选定数据日期”，查询并导出【业扩报装工单明细表】。

（2）趋势分析。业扩报装总体规模监测可按 2 种维度对数据进行趋势分析，分析研判业扩工单分布趋势。

维度：①供电单位；②电压等级。

量度：①业扩工单数；②业扩工单占比。

（3）监测内容。如图 5–3 所示，按供电单位、电压等级和报装类别等维度，监测统计期内业扩受理和完成户数、容量的总体规模、分布对比情况及变化趋势，通过分析业扩受理工单、完成送电及信息归档容量的规模特征级变化趋势，掌握业扩受理级总体变化情况，掌握区域内业扩报装增量市场的变化趋势。

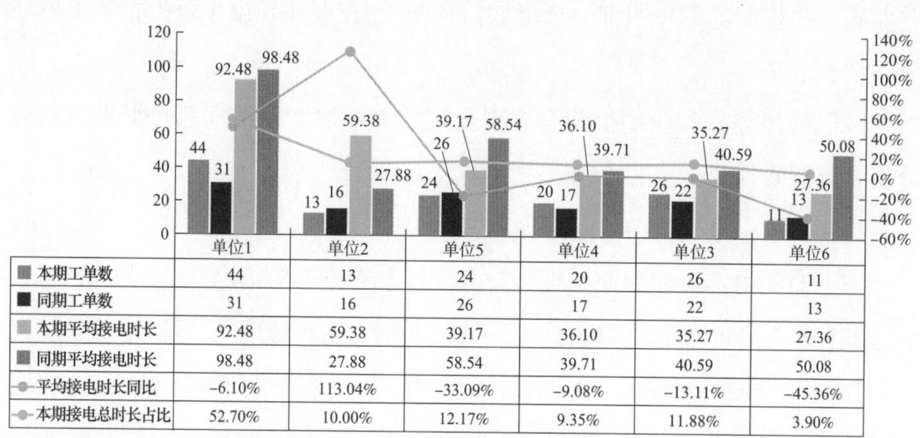

	单位1	单位2	单位5	单位4	单位3	单位6
本期工单数	44	13	24	20	26	11
同期工单数	31	16	26	17	22	13
本期平均接电时长	92.48	59.38	39.17	36.10	35.27	27.36
同期平均接电时长	98.48	27.88	58.54	39.71	40.59	50.08
平均接电时长同比	-6.10%	113.04%	-33.09%	-9.08%	-13.11%	-45.36%
本期接电总时长占比	52.70%	10.00%	12.17%	9.35%	11.88%	3.90%

图 5-3　供电单位维度监测图

5.2.3.2　业扩报装流程效率情况

（1）监测方法。通过“运营数据管理工具→数据钻取分析→营销业务主题监测→业扩报装工单明细→选定数据日期”，查询并导出【业扩报装工单明细表】。

（2）趋势分析。业扩报装流程效率监测可按 2 种维度对数据进行趋势分析，分析研判业扩报装流程效率趋势。

维度：①供电单位；②电压等级。

量度：①环节梳理；②时长情况。

（3）监测内容。监测业扩报装全流程各环节专业协同工作、各环节平均时长的变化情况，重点关注关键环节、客户环节以及协同环节时长的变化情况，以及超长、超短工单的占比情况；通过监测统计期内各供电单位、电压等级、用电类别、行业类别和报装类别 5 个维度业扩全流程、配电网（包括业务受理、现场勘查、方案答复、设计审核、中间检查、竣工验收、装表、送电）关键环节，掌握业扩服务总体效率变化趋势，分析业扩报装环节中的关键环节的服务效率变化，以提升协同环节的协同效率。

5.2.3.3 业扩报装全流程合规监测

（1）监测方法。通过“运营数据管理工具→数据钻取分析→营销业务主题监测→业扩报装工单明细→选定数据日期”，查询并导出【业扩报装工单环节明细表】。

（2）趋势分析。业扩报装全流程合规监测可按2种维度对数据进行趋势分析，分析研判业扩报装流程效率趋势。

维度：①供电单位；②电压等级。

（3）监测内容。监测业扩报装全流程异常终止工单情况，分析工单质量，防范流程违规终止操作。掌握各流程环节处理时效及合规情况，同时核查业扩工单异常信息，查找流程环节时限管控点。跟踪业扩报装受限及整改情况，提高业扩报装管理水平。

5.2.3.4 业扩在途工单监测

（1）监测方法。通过“运营数据管理工具→数据钻取分析→营销业务主题监测→业扩报装在途工单明细→选定数据日期”，查询并导出【业扩报装在途工单明细表】，用以监测在途工单容量情况。

（2）趋势分析。业扩报装在途工单监测可按2种维度对数据进行趋势分析，分析研判业扩在途工单压降趋势。

维度：①供电单位；②电压等级。

（3）监测内容。监测业扩报装在途工单，以周为周期线上抽取并梳理分析结存工单和容量压降情况。按地市单位、报装时间段、电压等级等维度监测近一周工单和容量结存情况，与上周数据对比分析工单和容量压降情况，重点分析上周高压在途工单近一周的归档情况。同时监测各流程环节超时和预警超时情况，开展各环节的合规性核查。

5.2.3.5 接电时长监测

（1）监测方法。通过“运营数据管理工具→数据钻取分析→营销业务主题监测→业扩报装工单明细→选定数据日期”，查询并导出【业扩报装工单环节明细表】。

（2）趋势分析。业扩报装接电时长监测可按 2 种维度对数据进行趋势分析。

维度：①供电单位；②电压等级。

（3）监测内容。全流程时长直接影响客户在获得电力过程中的体验，从客户感知的角度以自然日对业扩总时长进行计算。在世界银行的评价体系中，该指标指企业从提交用电申请到最终验收送电的总时长。

5.2.3.6 接电成本监测

（1）监测方法。通过营销、财务等系统获取用户业扩收费数据和第三方数据。

（2）趋势分析。业扩报装接待成本监测可按 2 种维度对数据进行趋势分析。

维度：①供电单位；②电压等级。

（3）监测内容。接入成本是指客户和电网企业为业扩接入付出的所有费用。客户方面包括：从业扩申请到最终接电向电网公司支付的高可靠供电费、客户接电工程建设费等费用，客户在外部供电工程中需缴纳给其他外部单位的各类手续费、审批费。电网企业方面包括：电业出资的业扩配套等费用。

通过营销、财务等系统获取用户业扩收费数据开展相关监测：①监测业扩接入费用，包括高可靠供电费（多路电源）、工程费、定额费等，在相关维度下展开，针对世界银行关注重点进行对标；②对各维度下业扩配套费用的分布规律进行监测，对业扩配套对客户接电成本压降比例进行统计；③根据业扩收费标准政策情况，监测分析收费标准调整前后对企业产生的经营绩效影响；④监测业扩及相关费用收取规范情况。

5.2.3.7 供电可靠性监测

（1）监测方法。通过数据库提取户均停电、带电作业数据。

（2）趋势分析。供电可靠性监测可按 2 种维度对数据进行趋势分析。

维度：①供电单位；②电作业类型。

（3）监测内容。通过用户停电户数分布情况分析户均停电时长，并针对各单位带电作业覆盖情况、带电作业时长情况及带电作业类型等维度开展监测。

监测各市公司10kV架空配电网线路带电作业项目的覆盖情况，分析单位时间（月、季、年）内的带电作业时间和次数，评价各单位带电作业开展情况。通过关联分析调度系统运行数据和业务系统内“线—变—户”拓扑关系档案，计算出多供电量和减少停电时户数，进而评估直接取得的经济效益。

通过配电变压器终端停电事件，按月、季、年度监测各区域配电变压器的停电时长、停电次数、停电影响用户的当前值和累计值，按年度监测各区域配电网自动化覆盖情况。开展配电变压器停电与配电网抢修、用户投诉、设备负载、投运年限等多维关联分析，综合计算用户的平均停电时长、停电次数的当前值和累计值。深度挖掘分析停电的主要特征和主要原因，分析配电网停电管理中存在的不足，定位配电网网架和设备的薄弱点，为配电网基建项目提供数据支撑。

5.2.3.8 电费透明度监测

（1）监测方法。通过实地考察、平台信息查询等方式，监测客户可获得电费信息的渠道种类，包括政府及电力公司官方网站、实体营业厅、网上营业厅、掌上电力APP、95598热线等，掌握客户电费电价政策的可获得程度。

（2）监测内容。电费透明度是指电费信息公开情况，即电力客户可通过政府网站、实体营业厅、网上营业厅、95598热线、掌上电力APP、供用电合同、电费发票、短信等多种渠道，方便、快捷地获得最新电价政策、电量电费使用情况。

5.3 故障抢修流程监测

随着电网设施的不断建设与完善以及大规模的农网改造，配电网故障率有所降低，但目前农村10kV配电网故障率在电网故障中仍占有相当高的比例。因此，电网公司可通过配电网故障抢修全流程监测，比对各单位流程效率的差距，重点分析各环节时长超时限异动数据，进而提高公司配电网故障抢修效率、保证供电可靠性、缩短因故障导致的停电时间，促进服务水平提升。

故障抢修业务是95598客服中心的核心业务之一。故障报修工单是指国网客服中心通过95598热线、网站等渠道受理的故障停电、电能质量或存在安全隐患须紧急处理的电力设施故障。在95598客服系统中，与其他业务相比，无论是业务量还是重要性，故障报修业务都是核心业务。从用户角度，故障报修工单的抢修效率与质量，直接关系到电力用户对公司优质服务的感知。因此故障报修工单的抢修效率和质量优化是客户服务中心要持续关注的问题。

5.3.1 监测业务框架

配电网抢修监测业务分为异动监测和趋势分析两个方面（见图5-4），主要包括配电网抢修总时长、接单派工、到达现场、故障处理、工单审核、回访归档6个主要环节时长，共6个监测主题。

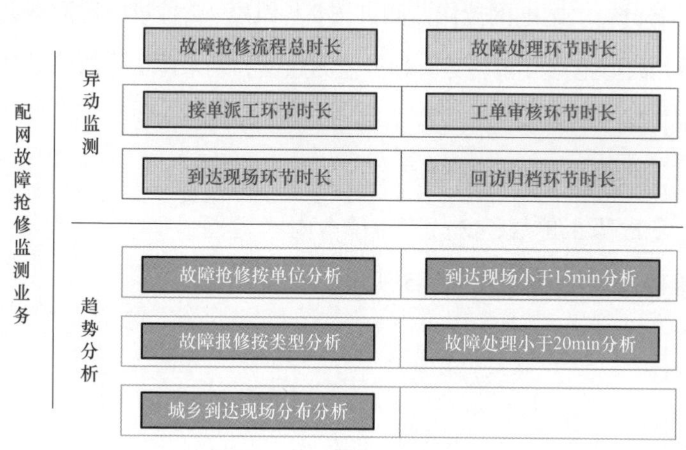

图5-4 故障抢修框架图

5.3.2 监测分析内容

通过对监测期间内故障抢修的分布、效率、合规性分析，发现故障抢修分布规律及趋势、故障抢修环节薄弱点，掌握故障抢修情况、APP接单应用情况，查找影响报修服务的关键因素，提出管控建议，提升优质化服务水平。

5.3.3 监测分析方法

5.3.3.1 流程总时长监测主题

通过对故障抢修总时长监测分析，进一步查找故障抢修过程中影响时长的主要原因，不断对问题进行整改提升，逐步提升供电服务响应速度，树立企业优质服务形象，保持良好社会效益。

（1）监测方法。通过“数据分析平台→数据门户→营销业务系统－业务分析监测场景→供电服务→故障处理流程总时长监测”功能项，导出【故障处理流程总时长工单明细】。

（2）异动监测。从客服中心接收客户故障报修到完成抢修工单回访归档的时间。

（3）趋势分析。配电网抢修监测可按 2 种维度、2 种量度对数据进行趋势分析，分析研判故障抢修分布趋势。趋势监测数据分别来源于【故障处理流程总时长工单明细】表。

维度：①供电单位；②故障类型。

量度：①故障工单数；②故障工单占比。

故障抢修按单位分析如图 5–5 所示。

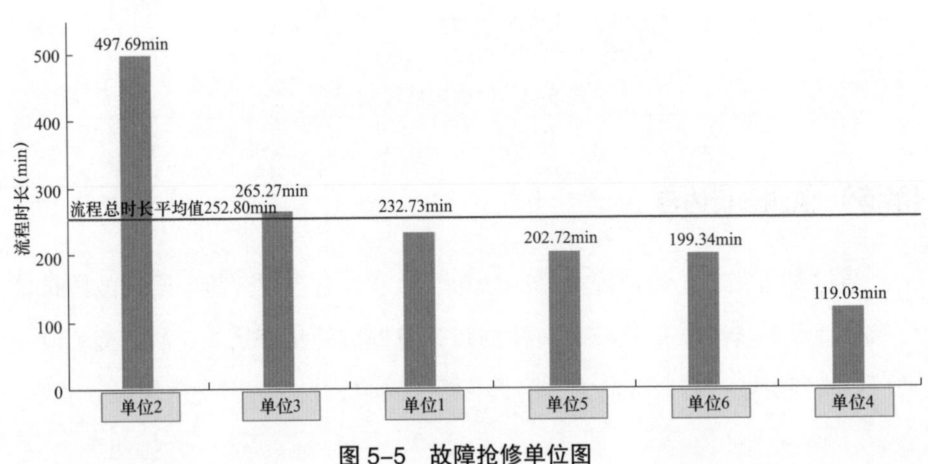

图 5–5 故障抢修单位图

图 5-6 为故障抢修按类型分析。

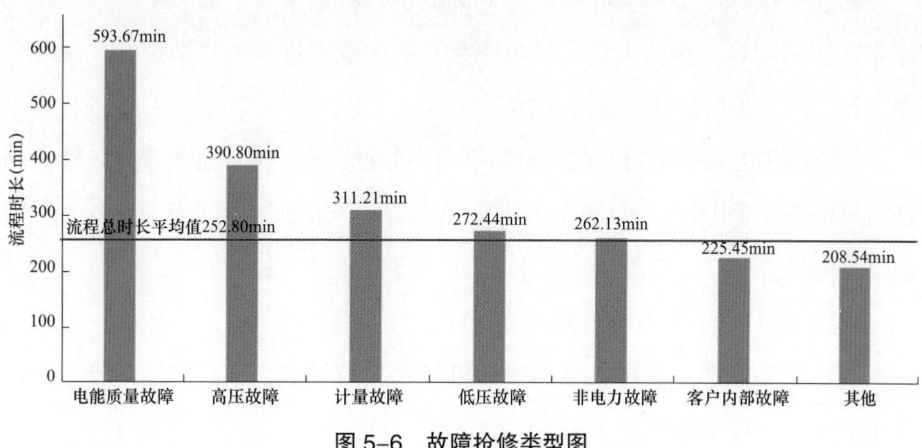

图 5-6　故障抢修类型图

（4）业务常见问题。

1）低压设备和装置故障是造成故障抢修数量居高不下的主要因素，占所有故障类型的 51%。其中，进户装置故障、低压公共设备故障、低压线路故障全年平均发生 10 万次以上，是故障抢修的三大主要类型；低压计量故障全年发生 2.73 万次，占所有故障类型的 3.25%。

2）全区典型日主要集中七八月份天气炎热、雷雨天气频发时段。由此可见，故障抢修数量受过负荷、客户内部原因、设备缺陷、外力破坏、自然灾害、计划停限电等因素影响较大。

3）外力破坏、自然灾害造成的故障抢修总时长较多，这是因为外力破坏涉及第三方责任，自然灾害发生时会出现应急抢修力量不足等情况。设备缺陷、过负荷、客户内部原因造成的故障抢修总时长居中，计划停限电、其他原因造成的故障抢修总时长最短。

4）配电网抢修管理水平的高低是造成抢修时长存在差异的主要原因。通过对抢修总时长和管理模式的对比分析，结合现场调研，发现管理模式对抢修时长并无明显的影响，地市公司时长差异主要是由于精细化管理程度存在差异。

5.3.3.2 接单派工环节时长监测

通过对接单派工环节时长监测，进一步分析地市客户服务中心在派单工作中存在的问题、抢修人员在接单中存在的问题，逐步加强地市客户服务管理工作，进一步规范接单管理工作。

（1）监测方法。通过“数据分析平台→数据门户→营销业务系统－业务分析监测场景→供电服务→接单派工环节超时监测”功能项，导出【接单派工环节超时工单明细】。

本监测可以按月、季进行。

（2）异动监测。从市县抢修指挥班接收故障报修工单到向抢修班组派发工单的时间，规定时长为3min。

（3）趋势分析。本监测可按1种维度、2种量度对一定时间内数据进行趋势分析，掌握接单派工环节超时工单的分布趋势，分析数据来源于【接单派工环节超时工单明细】。

维度：供电单位。

量度：①接单派工超时工单数；②工单数占比。

接单派工超时工单在各单位占比情况见图5–7。

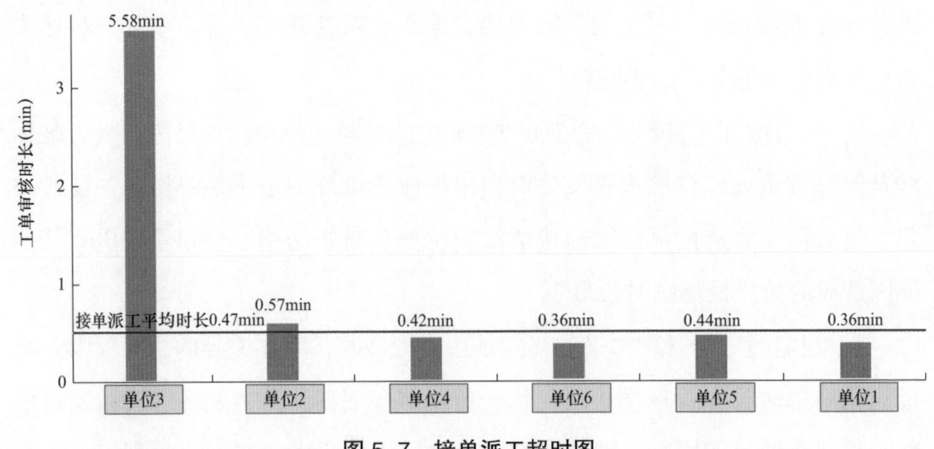

图5–7 接单派工超时图

5.3.3.3 到达现场环节时长监测

通过对到达现场环节时限监测分析，查找故障处理人员配备、值班、备品备件方面存在的问题，逐步规范故障处理管理机制和及时响应效率。

（1）监测方法。通过“数据分析平台→数据门户→营销业务系统 - 业务分析监测场景→供电服务→到达现场环节超时监测”功能项，导出【到达现场环节超时工单明细】。

本监测可以按月、季进行。

（2）异动监测。从国网客服中心接收客户故障报修完毕到抢修班组到达现场的时间，规定超过以下时长即判断为故障报修超期工单：城区范围 45min；农村地区 90min；特殊边远地区 2h。

（3）趋势分析。本监测可按 3 种维度、2 种量度对一定周期内数据进行趋势分析，掌握到达现场超时工单分布趋势。分析数据来源于【到达现场环节超时工单明细】。

维度：①供电单位；②城乡类别；③到达时间。

量度：①到达现场环节超时工单数；②工单数占比。

5.3.3.4 故障处理环节时长监测

通过对故障处理环节监测，找出重点造成故障的原因，为进一步加强配电网改造提供借鉴，同时可分析故障处理人员或部门之间对配电网故障抢修工作之间的协调机制。

（1）监测方法。通过“数据分析平台→数据门户→营销业务系统 - 业务分析监测场景→供电服务→故障处理环节时长监测”功能项，导出【故障处理环节时长工单明细】。

本监测可以按月、季进行。

（2）异动监测。从市县抢修班组到达现场到恢复送电的时间。

（3）趋势分析。本监测可按 2 种维度、2 种量度对一定周期内数据进行趋势分析，掌握工单处理超时工单分布趋势。分析数据来源于【故障处理环节时长工单明细】。

维度：①供电单位；②处理时长。

量度：①工单处理环节超时工单数；②工单数占比。

故障处理时长分布情况（见图 5-8）：分析监测时段内配电网故障抢修工单平均处理时长及处理时长分布情况，包括小于平均处理时长的工单、处理时长为 30~60min 的工单、60~90min 的工单、90~150min 的工单、150~180min 的工单、180~500min 的工单件、500~1000min 的工单、大于 1000min 的工单分段分析。

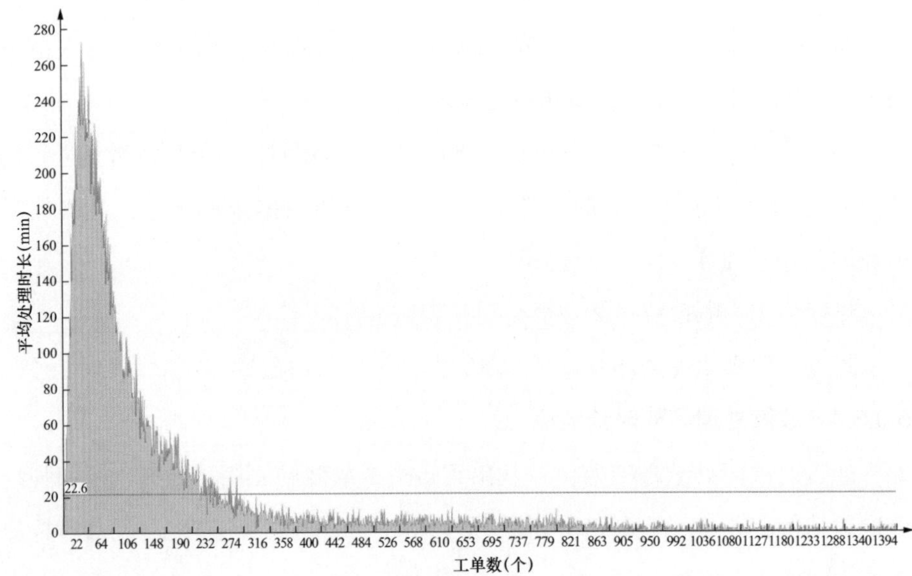

图 5-8 故障处理时长分布图

（4）业务常见问题。

1）故障处理是影响故障抢修服务效率的主要环节。从抢修总时长分析，故障派发、区接单派工、地市接单派工、故障处理审核、故障回单确认等环节实际平均完成时间已大大低于规定时限，难以进一步提升，对抢修服务效率提升贡献较小；故障处理环节时长平均 97.14min，占总时长的 94.49%。

2）故障抢修流程中仍存在一些内部协同问题。

a. 信息系统相对独立，数据不开放、共享程度低。一旦发生配电网故障，营销与生产系统的数据不对应，导致运行人员无法有效地对配电网故障进行分析和判断，造成故障研判时间较长。

b. 尚存在配电网设施资产不清；多支抢修队伍多次往返抢修；故障检查和换表人员的二次交接等现象。

c. 车辆、物资等抢修资源缺乏统一调配，易造成抢修物资供应型号错误或设备到场不及时，延误抢修时间。

3）由于故障处理环节涉及业务部门多，受制于设备水平、抢修队伍、天气条件、交通状况、周边环境等客观条件，存在多部门跨专业协同合作，需全区统一规范标准化抢修流程，抢修服务仍需进一步减时增效。

5.3.3.5 工单审核环节时长监测

通过对工单审核环节时长监测，有效分析故障处理效果、地市客户服务中心在派单工作中存在的问题，逐步提升故障抢修服务人员业务技能，同时加强地市客户服务管理工作。

（1）监测方法。通过“数据分析平台→数据门户→营销业务系统－业务分析监测场景→供电服务→工单审核环节时长监测”功能项，导出【工单审核环节时长工单明细】。

本监测可以按月、季进行。

（2）异动监测。从市县抢修指挥人员接收抢修班组回复工单到审核结束的时间，规定时长为30min。

（3）趋势分析。本监测可按1种维度、2种量度对对工单审核时间进行趋势分析，掌握工单审核时长分布情况。分析数据来源于【工单审核环节时长工单明细】。

维度：供电单位。

量度：①工单审核时长；②工单占比。

（4）业务常见问题。地市接单派工、故障处理、故障处理审核3个环节对抢修服务效率提升贡献较大，但各地市公司处理时长参差不齐、差距较大，主要原因是接单派工和审核环节没有指标要求。

5.3.3.6 回访归档环节时长监测

通过对回访归档环节时长监测，进一步分析地市客户服务中心工作中存在的问题及抢修人员在故障处理过程中的服务形象，提升优质服务管理。

（1）监测方法。通过“数据分析平台→数据门户→营销业务系统 - 业务分析监测场景→供电服务→故障回访归档环节时长监测”功能项，导出【故障回访归档环节时长工单明细】。

本监测可以按月、季进行。

（2）异动监测。从国网客户中心接收市县抢修指挥班的回复工单到回访客户后完成归档的时间，规定时长为 1 天。

（3）趋势分析。监测可按 1 种维度、2 种量度对对故障回访时长进行分析，掌握故障回访超时分布情况。分析数据来源于【故障回访归档环节时长工单明细】。

维度：供电单位。

量度：①故障回访工单超时数量；②工单占比。

5.3.3.7 基于方差分析的故障报修率影响因素

通过统计学方法发现故障报修日均工单率的外部因素影响。首先通过可视化分析，找出对故障报修日均工单率的影响因素，而后通过统计学方法，将影响程度进行量化，判别各影响因素是否真正对故障报修日均工单率有影响及其影响程度。

考虑的外部影响因素有气象类型、气温、风力等级、是否为节假日等，由于各地区电力系统的地域特征对故障工单影响较大，所以也将地域作为影响因素纳入，此处以宁夏地区为例，针对具体地市研究其故障报修日均工单量受外部因素影响的程度。通过研究发现，宁夏地区六个地市公司的故障报修日均工单率均不同程度地受到这些外部因素影响，但这些外部影响因素并非是影响故障报修的主要因素，需结合故障报修原因进一步探索和发现更多的影响因素，以提升模型拟合度，做到更加精确地掌握故障报修规律。

（1）监测背景。随着电网规模的不断扩大和生态环境的日益恶化，由自然灾害引发的电网故障事件频繁发生，给电网企业和电力客户造成了严重损失。虽然电力系统的灾害应急管理水平在逐步提升，但95598客户服务系统统计数据显示，客户故障报修率仍在急剧增长。这严重制约了电网企业优质服务水平的提升，因而迫切需要建立针对气象条件的客户故障报修诉求预警机制，以精准把握客户诉求，提升电网供电质量和服务能力。

针对气象条件的客户故障报修诉求预警机制的建立需要明确气象因素对故障报修的影响程度。过去的研究工作大多考虑气象条件对企业发展和电力系统安全运行的影响，此外，过去针对气象因素对客户故障报修诉求影响程度的量化分析有限，因此也需要开展该项工作。

此处的研究是通过方差分析发现故障报修工单的外部影响因素，掌握外部影响因素对故障报修业务的影响规律及强弱，将气象因素对客户故障报修诉求影响程度进行量化分析，为提前做好配电网的安全运行应急准备、合理化抢修资源分配提供依据，从而实现故障报修工单抢修效率的提升。

（2）建模思路。本书专注于分析故障报修工单率和外部影响因素的关系，体现在故障报修工单率受外部影响因素的影响程度。下面从地域和地市级两个角度进行分析。

地域角度：该维度的研究对象是宁夏所有地市公司的故障报修工单率及其影响因素。

地市级角度：地市是本次研究中地域维度的最小粒度，该维度下只研究该地市内故障报修工单率及其影响因素。

（3）数据处理。数据来源分为两个部分，内部数据采集来自国网95598客服系统中的故障报修业务工单和电力营销分析与辅助决策系统的各地市公司电力用户数；外部数据来自互联网，包括气象数据、节假日数据，其中气象数据、节假日数据通过Python网络爬虫脚本进行收集。

研究对象为所有地市的自然日的气象情况（气温、风力、天气）、节假日情况、故障报修工单数量以及该地区的用户量关联成一张宽表（数据量共计390563条），该宽表涉及宁夏六个地市公司的故障报修工单及其影响因素（气象、节假日情况等）。

由于气温数据大小跨度大，不利于分析建模使用，本书对气温数据进行分箱操作，将气温分为[–25，–20），[–20，–15），[–15，–10），[–10，–5），[–5，0），[0，5），[5，10），[10，15），[15，20），[20，25），[25，30），[30，35]12个区间。

（4）算法处理。方差分析是研究诸多控制变量中哪些变量及交互项对观测变量有显著影响的一种分析方法。本书利用方差分析来发现显著影响故障报修日均工单率的关键因素。

1）方差分析的基本原理。方差分析就是将总变异分为各个变异来源的相应部分，从而发现各变异原因在总变异中的相对重要程度的一种统计分析方法。因而，方差分析实际上是通过将试验处理的表面效应与其误差的比较来进行统计推断的，并采用均方来度量试验处理产生的变异和误差引起的变异。

2）方差分析的基本步骤。

第一步：求平方和。

a. 总平方和是所有观测值与总平均数的离差的平方总和。

$$SS_{\mathrm{T}}=\sum_{i=1}^{k}\sum_{j=1}^{n}(y_{ij}-\overline{y})^2=\sum_{i=1}^{k}\sum_{j=1}^{n}\left[y_{ij}-(Y/N)\right]^2=\sum_{i=1}^{k}\sum_{j=1}^{n}y_{ij}^2-C$$

式中：Y表示所有数据的总和；N表示总共的数据个数。

b. 组间平方和是每组的平均数与总平均数的离差的平方再与该组数据个数的乘积的总和。

$$SS_{\mathrm{t}}=n\sum_{1}^{k}(\overline{y}_i-\overline{y})^2=n\sum_{1}^{k}[(Y_i/n)-(Y/N)]^2=\sum_{1}^{k}T_i^2\Big/n-C$$

式中：$\overline{y}_i$为数据i组总均值；$\overline{y}$为数据总均值；Y_i为每组数据和；n为该组数据个数；C代表公式展开剩余项。

c. 组内平方和是各被试的数值与组平均数之间的离差的平方总和。

$$SS_{\mathrm{e}}=\sum_{1}^{k}\left[\sum_{1}^{n}(y_{ij}-\overline{y}_i)^2\right]=SS_{\mathrm{T}}-SS_{\mathrm{t}}$$

第二步：计算各变异来源的自由度。

$$df_{\mathrm{T}} = nk - 1$$

$$df_{\mathrm{t}} = k - 1$$

$$df_{\mathrm{e}} = k(n-1)$$

式中：df_{T} 为交叉变异自由度；df_{t} 为组间变异自由度；df_{e} 为组内变异自由度。

第三步：计算均方。

组间均方：$MS_{\mathrm{t}} = \dfrac{SS_{\mathrm{t}}}{df_{\mathrm{t}}} = S_{\mathrm{t}}^2 = \dfrac{n\sum(\overline{y}_i - \overline{y})^2}{k-1}$

组内均方：$MS_{\mathrm{e}} = \dfrac{SS_{\mathrm{e}}}{df_{\mathrm{e}}} = S_{\mathrm{e}}^2 = \dfrac{\sum\sum(y_{ij} - \overline{y}_i)^2}{k(n-1)}$

第四步：计算 F 值

$$F = \frac{MS_{\mathrm{t}}}{MS_{\mathrm{e}}}$$

式中：F 为组间均方与组内均方的比值。

第五步：查 F 值表，进行 F 检验并做出判断。

第六步：陈列方差分析表。

（5）数据分析。此监测主要目的是发现故障报修工单率（或故障报修工单量）的外部影响因素及影响程度。

根据对国网宁夏电力公司 2016 年 1 月 1 日 ~2018 年 10 月 31 日 95598 故障报修工单数据的整理分析可知，最有可能影响故障报修工单万户工单率的因素有地域、天气、气温、风力等级、是否节假日等。方差分析是将因素变化所产生的影响从随机干扰条件中分离出来，并判断因素变化对研究对象是否有显著性影响，通过 F 检验，不仅可以分析各因素的效应，还可分析因素间的交互效应。

采用多因素方差分析，考察多个影响因素对故障报修工单率（或故障报修工单量）是否有影响，具体指标体现在 F 检验的显著性，这里原假设为该因素（或交互项）对故障报修工单万户工单率没有影响，当 $P < 0.05$ 时，则拒绝原假设，该因素对故障报修日均工单率有影响。

在检验了对故障报修工单率有影响的因素后，还需知道各个影响因素及其交互项对故障报修工单率影响的强弱。

考察影响因素及其交互项对故障报修日均工单率影响的强弱的方法是计算Eta平方系数（相关比率或效应量，简称Eta方），Eta方越大，两变量相关性越强。其主要统计思路是变量引起的响应差别除以相应的标准误差，即

$$E^2=\frac{\sum(y-\overline{y})^2-\sum(y-\overline{y}_i)^2}{\sum(y-\overline{y})^2}$$

（6）差异性分析。监测可按6种维度对故障报修率差异性进行分析。

维度：①地市；②区县；③温度；④气象类型；⑤风力；⑥节假日。

（7）故障报修率的影响因素分析。

主体间效应的检验如表5–1所示。

表5–1　主体间效应的检验

因变量：故障报修工单率（单/万户）					
源	Ⅲ型平方和	d_f	均方	F	Sig.①
校正模型	139.727*	31	4.507	18.068	0.000
截距	68.624	1	68.624	275.082	0.000
所属地市	82.645	5	16.529	66.258	0.000
气温	8.662	11	0.787	3.157	0.000
气象类型	32.920	9	3.658	14.663	0.000
风力等级	1.324	5	0.265	1.062	0.000
是否节假日	0.210	1	0.210	0.843	0.359
误差	164.398	659	0.249		
总计	1299.898	691			
校正的总计	304.125	690			

① Sig. 表示显著性水平。

* 方差 R^2=0.459（调整 R^2=0.434），指相关系数的平方；F 检验处理是组间均方与组内均方的比值，表征了试验处理效果大小。

1）方差分析。

2）分析结果解读。由表5–1可知，各主体效应中，除“是否为节假日”外，其他主体效应的p值（置信率）、Sig. 均小于0.05，即宁夏地区内的故障报修工单率在所属地市、气温、风力等级、气象类型四个维度的不同水平下，

均存在显著差异，可以认为所属地市、气温、风力等级、气象类型的影响力显著。

按 Eta 方排序可知，所属地市和气象类型这两个维度对故障报修工单率影响最强，其次是气温和风力等级，节假日的影响最弱，由于 p 值（Sig.）均大于 0.05，可认为不具有影响力。

（8）结论。本次分析的目的是发现故障报修工单率的外部影响因素及其对故障报修工单率的影响程度。

选取故障报修工单率为研究对象，挖掘故障报修工单的工单率是否受气象类型、气温、风力等级、是否为节假日等外部影响因素的影响，以及影响程度。分析成果如下：

1）故障报修工单率均除受地域、气温、风力、天气、节假日这五个因素影响外，还存在其他未掌握的因素影响。

2）故障报修工单率存在地域差异。

3）故障报修工单率受高温及低温影响显著，在 0℃以下或 20℃以上时，故障报修工单率会明显上升。

4）故障报修工单率受大风影响显著，随着风力等级的增强，故障报修工单率有上升趋势。

5）故障报修工单率受暴雨、暴雪等极端天气影响时，上升趋势明显；且随雨量增大，上升趋势越明显。

6）宁夏地区内故障报修工单率受节假日影响不大。

5.4 客户投诉监测

95598 客户服务数据作为电网公司数据资产的重要组成部分，是其了解客户、感知客户需求的重要窗口，对 95598 客户服务大数据的挖掘应用，是强化电力客户数据资产、提升客户数据价值挖掘能力、实现以客户为中心战略的重要基础。

5.4.1 监测业务框架

95598 投诉业务包含“确认服务需求”“派发任务”“任务处理”“客户回访”“资料归档”共 5 个业务内容（见附录 3）。

5.4.2 监测分析内容

通过 95598 投诉全流程监测，分析各环节时长与规定时长的偏差；按投诉类别、投诉级别、城乡类别监测流程总时长、各环节时长及时长分布情况、变化趋势，以及各单位之间的差异。对提高投诉业务处理效率，提升服务质量起到了积极作用。

5.4.3 监测分析方法

5.4.3.1 投诉业务全流程监测

（1）投诉工单派发及时性监测。

监测内容：监测是否及时、准确派发工单。

监测依据：根据《国家电网公司 95598 客户服务业务管理办法》第二十四条规定，国网客服中心受理客户投诉诉求后，根据投诉客户重要程度及可能造成的影响等，按照特殊、重大、重要、一般确定事件的投诉等级，20min 内派发工单。

监测环节：业务受理、省接单分理、地市接单分理。

监测对象：省客服中心、地市远程站。

监测方法：系统提取数据。

1）通过 SG 186 营销业务应用系统抽取投诉工单明细，比对工单受理时间与地市接单分理结束时间差值，时间超过 20min 视为异动。

2）将异动发至相关单位进行核查，分析工单派发超时原因，针对人为、系统等不同原因制定相应整改措施，提高派发及时性。

监测实例：某地市接单分理到达时间为 2018 年 1 月 21 日 1：25：09，

处理时间为 2018 年 1 月 21 日 7：59：32，地市派工时长 394min（＞20min）。

（2）投诉工单处理及时性监测。

监测内容：监测投诉工单处理情况，是否按规定时限联系客户，是否按业务处理要求时限及时处理工单。

监测依据：根据《国家电网公司 95598 客户服务业务管理办法》第二十四条规定，承办部门从国网客服中心受理客户投诉（客户挂断电话）后 1 个工作日内联系客户（除保密工单外），6 个工作日内按照有关法律法规、公司相关要求进行调查、处理，答复客户，并反馈国网客服中心。如遇特殊情况，投诉处理时限按上级部门要求的时限办理。

监测环节：投诉处理、回单确认。

监测对象：地市公司。

监测方法：系统提取数据。

1）通过 SG 186 营销业务应用系统抽取投诉工单明细，比对承办部门联系客户时间与受理时间、回单确认处理时间与受理时间差值，时间分别超过 1 个工作日、6 个工作日视为异动。

2）将异动发至相关单位进行核查，分析工单处理超时原因，针对人为、系统等不同原因制定相应整改措施，提高处理及时性。

监测结果：因承办部门联系客户时间无法直接从数据库取得，故“承办部门从国网客服中心受理客户投诉（客户挂断电话）后 1 个工作日内联系客户（除保密工单外）”无法验证。仅对“6 个工作日内按照有关法律法规、公司相关要求进行调查、处理，答复客户，并反馈国网客服中心”进行验证。

监测实例：投诉处理时间为 2018 年 4 月 12 日 10：56：25，投诉处理结束时间为 2018 年 4 月 19 日 19 9：12：18，处理时长为 6.46 个工作日（＞6 个工作日）。

5.4.3.2 投诉业务处理合规性监测

监测投诉工单的真实性，避免采取不正当手段影响投诉的真实性。

（1）营业厅投诉（人员态度、行为规范）属实情况监测。

监测方法：后台提取音视频资料，并结合人工现场核实。

1）根据 SG 186 营销业务应用系统抽取的投诉工单明细，通过调取国网统一视频监控系统中的视频，重点对营业厅服务投诉（服务行为、服务态度）类工单的真实性进行监测。

2）通过调取视频、音频，调阅相关单位投诉处理说明等方式，若发现确实存在服务态度、服务行为不规范等问题，监测相关单位制定的解决措施是否执行到位。

3）发现确实存在服务质量问题而投诉工单“是否属实”为“否”，则对相关单位提出预警，避免存在用不正当手段影响投诉属实情况的发生，并督促相关单位切实提高优质服务水平。

（2）非营业厅类服务规范、服务行为投诉属实情况监测。

监测方法：后台提取业务资料，并结合人工现场核实。

1）根据 SG 186 营销业务应用系统抽取的投诉工单明细，通过调取 95598 系统中的音频、电话回访等，对非营业厅服务规范、服务行为类工单真实性进行监测。

2）通过调取音频、调阅相关单位投诉处理说明等方式，若发现确实存在服务规范、服务行为不到位等问题，则监测相关单位制定的解决措施是否执行到位。

3）若发现确实存在服务质量问题而投诉工单“是否属实”为“否”，对相关单位提出预警，避免存在用不正当手段影响投诉属实情况的发生，并督促相关单位切实提高优质服务水平。

（3）推诿塞责、刁难用户类投诉属实情况监测。

监测方法：后台提取业务资料结合人工现场核实。

1）根据 SG 186 营销业务应用系统抽取的投诉工单明细，通过调取统一视频系统中的视频、95598 系统中的音频、电话回访等，对推诿塞责、刁难用户类投诉属实情况真实性进行监测。

2）通过调取视频、音频、调阅相关单位投诉处理说明等方式，若发现确实存在推诿塞责、刁难用户等问题，则监测相关单位制定的解决措施是否执行到位。

3）若发现确实存在推诿塞责、刁难用户问题而投诉工单“是否属实”为“否”，则对相关单位提出预警，避免存在用不正当手段影响投诉属实情况的发生，并督促相关单位切实提高优质服务水平。

5.4.3.3 投诉业务关联监测

（1）故障报修工单与投诉工单关联监测。

监测方法：系统提取数据与手工关联匹配筛查相结合。

1）抽取 SG 186 营销业务应用系统中投诉明细数据，筛选由于抢修到达现场不及时而引发的投诉。

2）将其与 PMS 系统中故障抢修工单进行关联匹配，重点关注抢修工单中接单时间、到达现场时间，查找引发投诉的直接原因。

3）通过对投诉相关联的故障抢修工单进行钻取分析，查看抢修人员是否存在到达现场超时情况。

4）通过车辆 GPS 定位功能，确认抢修人员实际到达现场与抢修工单中录入到达现场时间是否一致，避免出现抢修人员虚报到达现场时间的情况，避免因抢修不及时而引发的投诉。

监测实例：95598 业务支持系统中，某客户反映抢修超时限。

PMS2.0 系统：接单登记时间为 2018 年 2 月 24 日 08：33：12，移动终端接单时间为 2018 年 2 月 24 日 08：36：52，到达现场时间为 2018 年 2 月 24 日 08：37：05，勘察汇报时间为 2018 年 2 月 24 日 13：33：12，勘查时长 4h 56min，导致客户于当日 11：31 投诉抢修人员到达现场超时限，疑似工作人员虚报到达现场时间。

（2）频繁停电投诉工单关联监测。监测频繁停电投诉工单产生原因，有针对性地采取有效措施减少频繁停电次数。

监测依据：按照《供电营业规则》第五十七条规定，供用电设备计划检修时，对 35kV 及以上电压供电的用户的停电次数，每年不应超过一次；对 10kV 供电的用户，每年不应超过三次；《国家电网公司电力可靠性工作管理办法》第十条规定，运检部门应加强综合检修计划和停电计划管理，完善设备检修工时定额；应大力开展状态检修和不停电作业，提高设备可靠性水平。

监测环节：业务受理、投诉处理、关联频繁停电事件。

监测方法：

1）通过对频繁停电投诉工单进行分析，从供电公司原因、客户设备原因、供电公司和客户共同原因等维度查找频繁停电主要原因。

2）将频繁停电投诉工单与PMS系统中故障抢修工单进行关联匹配，根据工单联系人、联系地址、联系电话等，查找在客户反映频繁停电期间是否有多起故障报修工单。

3）根据频繁停电具体原因制定相应措施，加强对客户产权设备的宣传，提高供电企业供电能力。

4）按月提取用电信息采集停电事件与电压电流信息，判断频繁停电变压器情况。

5）依据频繁停电变压器，关联PMS、GIS系统基础台账及拓扑关系，分析停电通知单及投诉情况。

监测结果：从频繁停电投诉数据集中，查找判断“处理结果”字段中的大量文字，选择验证对象，如图5–9所示。

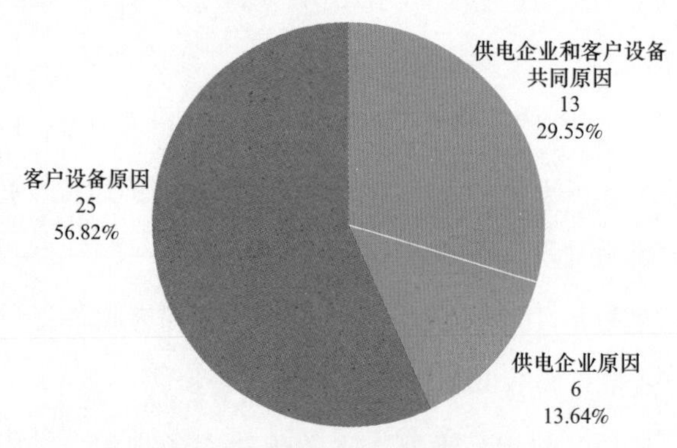

图5–9　频繁停电主题分布图

监测实例：某客户投诉一天内停电三次。根据投诉受理内容或处理结果可以查出涉及的停电信息工单。

PMS2.0 系统：计划停电时间为 2018 年 2 月 8 日 09：00：00，预计送电时间为 2018 年 2 月 8 日 16：00：00，现场送电时间为 2018 年 2 月 8 日 18：20：00，计划停电时间内频繁停送电，且实际送电时间比计划送电时间延迟 2h 20min，而投诉受理时间为 2018 年 2 月 8 日 19：18：28。可以看出，若停电时间内未发生频繁停送电情况，且按计划恢复送电，则有很大概率可以避免该投诉，因此应该加强计划检修停送电规范性。

5.4.3.4 投诉业务预警监测

（1）频繁停电投诉高发区域预警监测。

监测内容：对多次发生频繁停电投诉的区域进行监测预警，提出有针对性的建议，减少频繁停电次数。

监测依据：频繁停电投诉占投诉总量的比例最高，对频繁停电投诉高发区域进行预警，可提前制定相应措施避免频繁停电。

监测环节：投诉处理。

监测方法：系统提取数据与手工匹配筛查相结合。

1）从样本数据中筛选投诉类型为“频繁停电”的投诉，通过手工模糊查询投诉工单中“反映情况”“处理结果”2 个字段中的内容，查询“市”“区 / 县”“线路”“台区”等关键字眼。

2）分别以“频繁停电 + 市域”“频繁停电 + 市域 + 区 / 县域”“频繁停电 + 市域 + 区 / 县域 + 线路”“频繁停电 + 市域 + 区 / 县域 + 线路 + 台区”4 个维度进行组合监测，定位频繁停电投诉高发区域。

3）对频繁停电投诉高发区域的相关单位进行预警，督促其加强客户设备的监督管理及公网设备的正常运行。

（2）其他人员服务投诉预警监测。

监测内容：对多次发生其他人员服务投诉（其他人员服务规范、其他人员服务态度）的区域进行监测预警，提出有针对性建议。

监测依据：其他人员服务投诉一般占投诉总量的 20%，对其他人员服务投诉高发区域进行预警，可提前制定相应措施避免该类投诉频繁发生。

监测方法：系统提取数据与手工匹配筛查相结合。

1）从样本数据中筛选投诉类型为“其他人员服务规范”的投诉，通过手工模糊查询投诉工单中“反映情况”“处理结果”2个字段中的内容，查询“市”“区/县”“供电公司”“供电所”等关键字眼。

2）分别以“其他人员服务规范+市域”“其他人员服务规范+市域+区/县域”“其他人员服务规范+市域+区/县域+区县公司”“其他人员服务规范+市域+区/县域+区县公司+供电所”4个维度进行组合监测，定位其他人员服务规范投诉高发区域。

3）对其他人员服务规范投诉高发区域的相关单位进行预警，督促其加强人员培训与考核力度。

（3）营业厅投诉高发区域预警监测。

监测内容：对多次发生营业厅投诉（营业厅人员服务态度、营业厅人员服务规范、营业厅服务）的区域进行监测预警，提出有针对性建议。

监测依据：营业厅投诉一般占投诉总量的11%，对营业厅投诉高发区域进行预警，可提前制定相应措施避免该类投诉频繁发生。

监测方法：系统提取数据与手工匹配筛查相结合。

1）从样本数据中筛选投诉类型为“营业厅人员服务态度”的投诉，通过手工模糊查询投诉工单中“反映情况”“处理结果”2个字段中的内容，查询“市”“区/县”“营业厅”等关键字眼。

2）分别以“营业厅人员服务态度+市域”“营业厅人员服务态度+市域+区/县域”“营业厅人员服务态度+市域+区/县域+营业厅”3个维度进行组合监测，定位营业厅人员服务态度投诉高发区域。

3）对营业厅人员服务态度投诉高发区域的相关单位进行预警，督促其加强人员培训与考核力度。

（4）投诉高发季节（月份）预警监测。

监测内容：监测每年投诉高发季节（月份），寻找共同点，进行监测预警。

监测依据：对投诉高发时间段（季节、月份）进行预警，可提前制定相应措施，避免该类投诉频繁发生。

监测环节：全流程。

监测方法：系统提取数据。

1）逐年对比每年各月投诉受理量，寻找投诉高发集中时间段。

2）查找投诉高发时间段受理投诉特点，对相关单位进行预警，督促其分析具体原因（天气、外力、人为、系统等），并制定相应整改措施，减少投诉量。

监测系统：SG186 营销业务应用系统。

监测结果：2009~2018 年各月投诉受理量分布情况如图 5-10 所示。

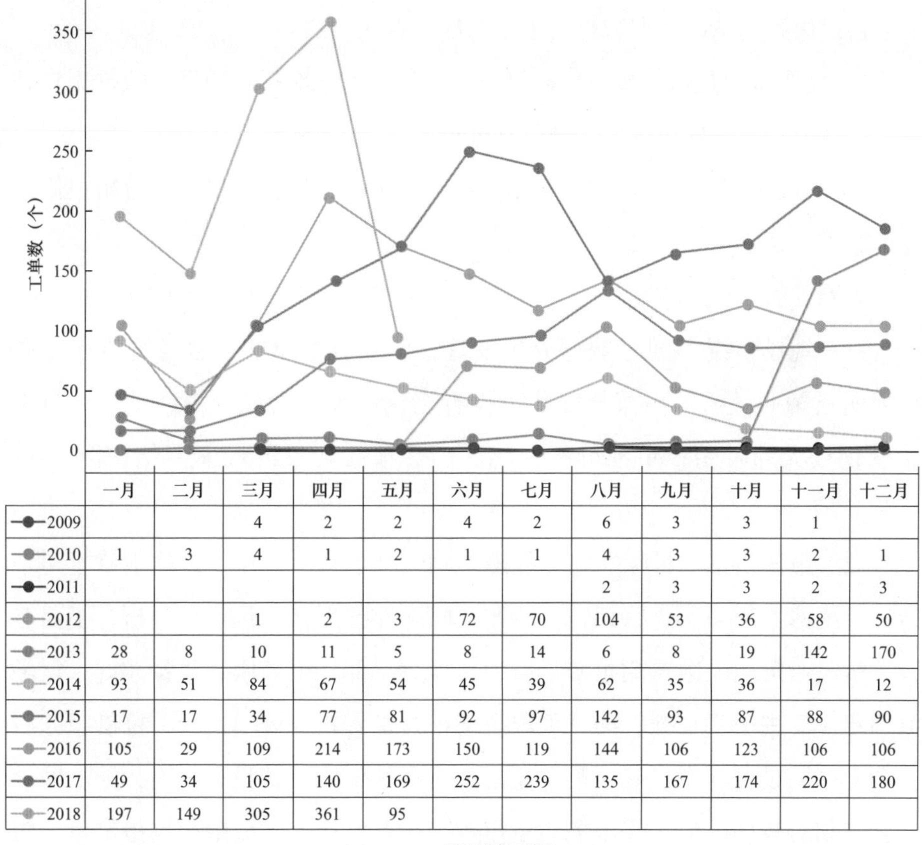

	一月	二月	三月	四月	五月	六月	七月	八月	九月	十月	十一月	十二月
2009			4	2	2	4	2	6	3	3	1	
2010	1	3	4	1	2	1	1	4	3	3	2	1
2011								2	3	3	2	3
2012			1	2	3	72	70	104	53	36	58	50
2013	28	8	10	11	5	8	14	6	8	19	142	170
2014	93	51	84	67	54	45	39	62	35	36	17	12
2015	17	17	34	77	81	92	97	142	93	87	88	90
2016	105	29	109	214	173	150	119	144	106	123	106	106
2017	49	34	105	140	169	252	239	135	167	174	220	180
2018	197	149	305	361	95							

图 5-10 投诉高发季节图

分析发现，每年 1~2 月投诉量较小，自 3 月开始，投诉逐月递增，6~9 月投诉量最大。

5.4.3.5 投诉关联监测实例

监测背景：努力让人民群众从“用上电”到“用好电”，是供电公司一直以来秉承的责任初心，而报修投诉是人民群众是否“用好电”的直观体现，也是衡量供电服务水平的重要指标。通过汇集 2018 年 1 月 ~2019 年 7 月故障报修、故障处理、客户投诉等数据，采用回归分析、比较分析、文本挖掘等算法，深入分析客户投诉原因、挖掘投诉潜在驱动因素，用数据证实供电质量问题、故障抢修效率是引发客户投诉的主要内因，而季节性特征、用户电力认知及情感表现是驱动投诉行为的主要外因。

监测内容：系统提取数据与手工匹配筛查相结合。

1）提取监测月份的配电网故障抢修数据和 95598 投诉数据，根据用户编号、电话信息、地址信息等关键信息进行匹配。

2）通过匹配配电网故障抢修数据和 95598 投诉数据，进一步分析报修转投诉率。

监测方法：

（1）规模情况。通过数据分析发现，转投诉率总体趋势与抢修服务质量无明显关联关系。对报修变化和投诉变化的关联情况分析，重点突出对比变化较大的月份，单独分析变化原因。报修转投诉规模变化如图 5–11 所示。

（2）服务质量。排除非电力故障影响，基于转投诉率、户均报修量两个指标对抢修服务质量进行评价。按照象限图对数据各单位进行分析，主要有以下情况：第四象限户均报修量高、转投诉率低，抢修服务质量较好，但配电网建设需进一步加强；第三象限户均报修量和转投诉率均低，抢修服务质量和配电网设备状态良好；第二象限户均报修量低，转投诉率高，配电网设备状态相对较好，但抢修服务质量需进一步提升；第一象限户均报修量、转投诉率均处于高位，配电网建设及抢修服务质量均需提升。

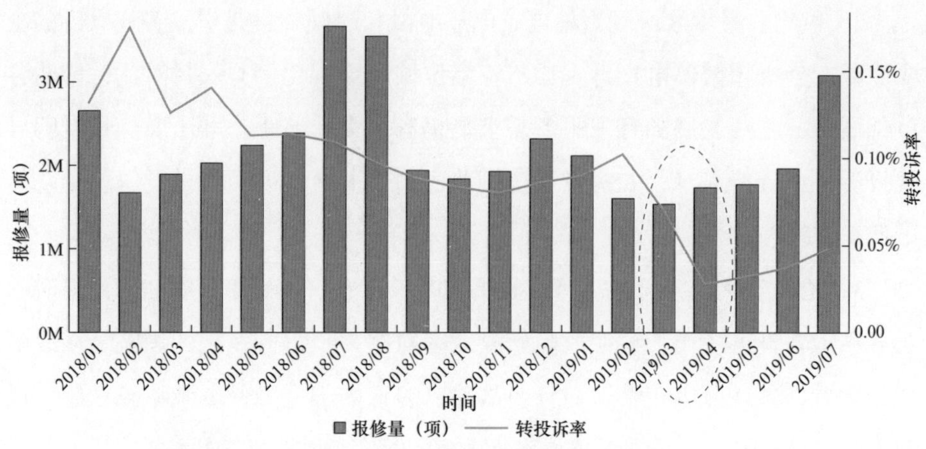

图 5–11　报修转投诉规模变化图

（3）影响因素分析。

1）季节性因素。排除非电力故障影响，通过相关性分析，发现夏季报修量与转投诉量呈强线性相关性（相关系数为 0.8），夏季日平均故障报修量远高于春、秋、冬三季，转投诉量随报修量的增长而快速增长（见图 5–12）。基于此，构建夏季报修量与转投诉线性回归模型 $y=b+ax$，应用最小二乘法计算回归系数 a 和 b，建立夏季报修量与转投诉关联关系：转投诉量 =39.71 × 报修量（万项）–41.46，即每发生 10 万项报修，预计有 356 项会转为投诉。

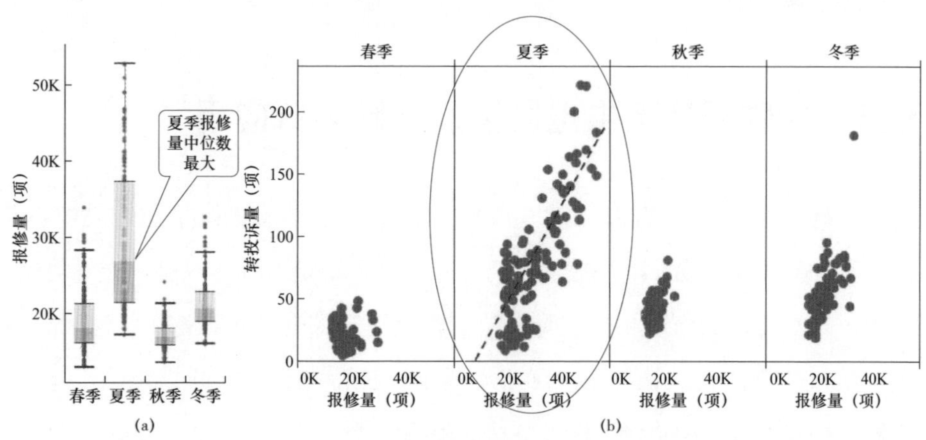

图 5–12　报修转投诉季节图

（a）报修量分季节分布；（b）报修量与转投诉量相关性分析

2）供电质量因素。频繁停电、电压质量长时间异常是引发客户投诉的主要原因。分析频繁停电投诉占比，各单位城区投诉比例与农村对比，说明各单位城网、农网发展和客户服务需求上仍有很大的差距。电压质量长时间异常投诉占比分析显示，农村投诉比例普遍高于城区，说明农村电压质量总体上低于城区。

3）抢修效率因素。从故障修复平均时长来看，投诉工单的故障修复时间明显高于未投诉工单，说明故障修复效率对客户投诉有一定的影响。从故障类型来看，各地区客户普遍对计量故障、客户内部故障修复效率较敏感，说明提升计量故障、客户内部故障修复效率，可有效减少客户投诉。

4）用电客户因素。城区、农村故障修复时长高度集中在 10min 以上，而大量城乡用户的投诉忍耐时长（投诉忍耐时长 = 投诉时间 – 报修时间）明显低于 10min。

基于近年 95598 报修工单数据，用分词法分析受理内容，提取表征用户报修特征的高频词汇，进一步提炼投诉用户报修特征为：①提到故障现象严重，如安全隐患；②提到故障亟需解决，如着急、紧急等；③提到为商业用户，如商铺、门面房等；④提到特殊人群，如老人、小孩等；⑤提到家中电器无法正常使用，如空调、冰箱等。说明与上述特征相符的报修工单可判定为易转投诉工单。

5.5 特殊天气下供电质量及抢修分析应用

迎峰度夏期间，为提高供电可靠性和抢修效率，提取了 2017~2019 年 6~9 月非客户内部故障报修数据，结合网络气象历史数据（气温、天气类型、风力）开展特殊天气下供电质量及抢修情况进行综合分析，挖掘特殊天气与供电质量、抢修的关联关系，确定不同单位在特殊天气下的抢修工作特点，为做好特殊天气下的抢修工作提供精准预测服务。

5.5.1 数据资源

按照国家电网有限公司信息系统安全管理规范及数据集成接入规范要求，从数据中心获取内部数据，对于数据中心没有的分析数据，经过数据中心从业务系统中获取。对外部数据，采用爬虫技术进行爬取，再导入运监自建数据库。经过大数据清洗转换、数据挖掘预处理环节，使各类数据符合分析要求，并存储于本系统数据库中，在此之上建立系统应用所需的分析主题。依据采集、存储、处理，最后进行数据应用的设计思路，系统在数据架构上划分为数据源、数据处理、数据存储与分析四个层次，如图 5–13 所示。

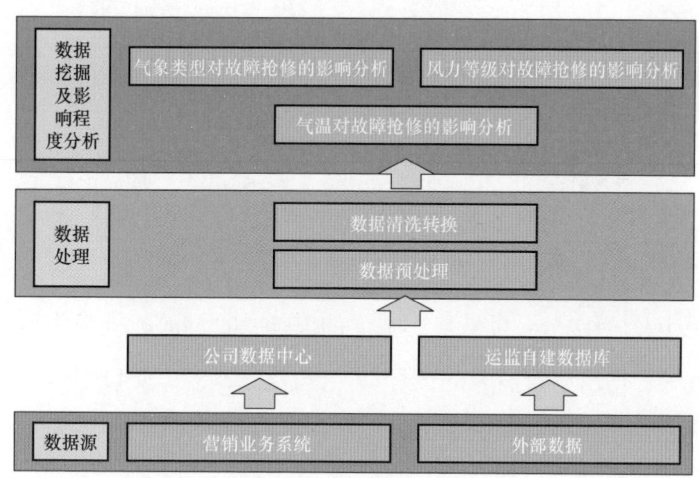

图 5–13　系统数据架构

数据源：营销业务系统、用电信息采集系统以及外部数据源等为分析提供数据基础。

数据处理：数据源中的数据经公司数据中心，进行数据清洗转换和数据预处理，形成供分析存储分析的直接可用数据的过程。

数据挖掘及影响程度分析：对于经数据处理环节处理的可用数据，通过分析挖掘模型，支持面向气象类型对故障抢修的影响分析、风力等级对故障抢修的影响分析以及气温对故障抢修的影响分析。

5.5.2 整体思路

下文以宁夏地区为例进行阐述。

（1）按气象类型分：从宁夏全区来看，中雨及以上（大雨、阵雨、中雨、暴雨）天气日均出单数最多，比晴天多云日均出单数多；小雨天气与雷阵雨天气日均出单，比晴天多云日均出单数多（见图 5–14）。

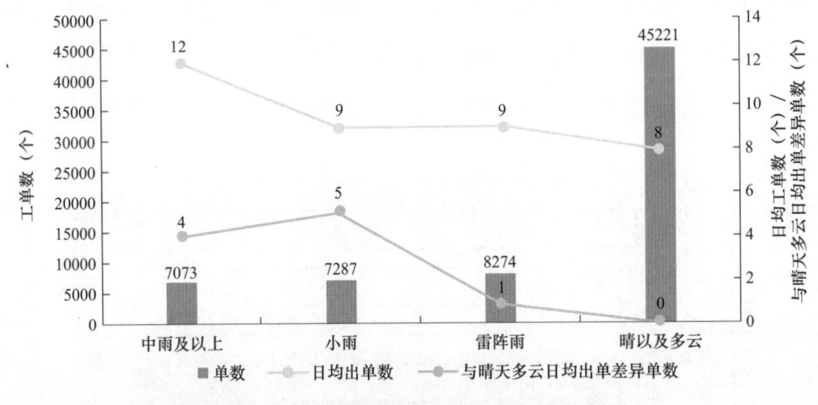

图 5–14　不同气象类型下日均出单分布图

（2）按风力等级分：随着风力强度的增加，日均故障抢修单越多，其中，7 级风力天气日均出单数最多；6 级风力天气次之；5 级和 4 级日均出单数最少（见图 5–15）。

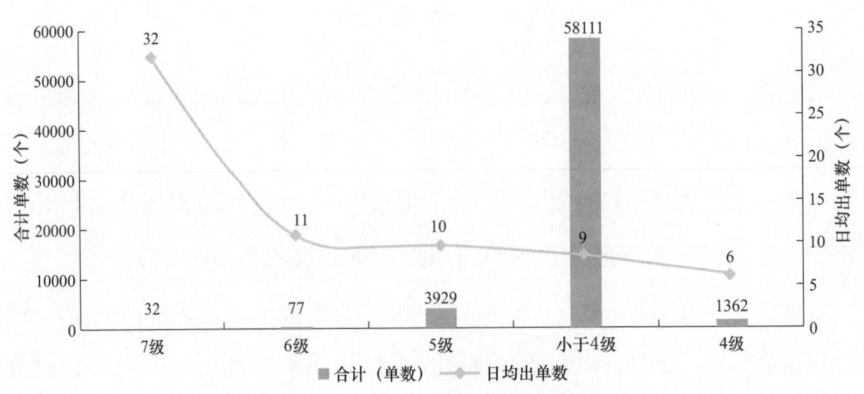

图 5–15　不同风力等级下分布图

5.5.3 数据应用

对于数据存储技术的使用，数据中心存储模式和大数据存储模式之间的关系为：

（1）对于只是在系统初始化时进行建模使用的大数据，建议还是采用现有的数据中心存储模式。只是在数据使用时，采用大数据处理技术，进行并行计算和内存计算，不需要再将数据抽取至大数据存储环境下。

（2）对于在以后应用中需要频繁访问的大数据量，例如需要频繁地进行全量数据分析等，这种情况下，则需要考虑从现有的数据中心中将数据抽出，按照大数据存储架构进行存储，这样才能全面支撑以后的应用。

5.5.4 应用成效及展望

通过开展特殊天气下的供电可靠性与抢修关联性分析，挖掘出不同天气下抢修工作安排，提前做好应急预案，加大抢修力度，有效减少了因停电造成的损失等。

挖掘每一条线路的可靠性、线路负荷与投运时间等的关联关系，为改造提供具体的建议。

6

项目全过程监测

项目全过程监测主要从监测业务背景、监测流程框架、监测分析内容、监测分析方法、大数据分析应用、监测分析实例等方面进行描述。对项目全过程业务开展方法、大数据分析结果等进行统计描述，以提升监测的目的性。对监测业务依托的系统操作方法进行详细的操作说明，以示例的形式对部分监测案例进行举例，分析说明项目全过程监测业务中出现的常见问题。

6.1 监测业务背景

项目全过程监测包含监测数据获取和数据准备两个主要部分，其中，监测数据获取部分针对目前开展监测的电网基建、生产技改、生产大修、小型基建、非生产技改、非生产大修、营销投入、信息化 8 类项目涉及的规划计划信息管理平台、基建管理信息系统、经营辅助分析决策支持系统、财务管控模块、生产管理信息系统、后勤管理信息系统、信息通信业务管理系统、电子商务平台、ERP 系统、运营监测（控）工作台 10 套系统进行数据需求分析，明确监测数据的系统源表及前台获取方式。数据准备部分针对每一监测主题的数据需求进行汇总，明确各监测字段获取系统，并简要描述针对每一监测主题的数据整合方式及相应的数据质量判定方式。有效辅助监测人员对监测主题相应数据获取及整合方式提供相应参考。

6.2 监测业务框架

项目全过程关键流程的监测范围包括基建、大修、技改、专项成本、营销、固定资产零购、科技、信息、小型基建、管理咨询共 10 类项目，主要关注项目进度完成情况及项目执行规范性，促进跨部门业务节点的有效衔接。项目监测以项目管理业务流程明细数据为基础，从计划下达、预算下达、项目创建、需求提报、财务入账等 18 个业务关键节点对项目管理过程进行实时监测，项目全过程业务环节流程如图 6-1 所示。

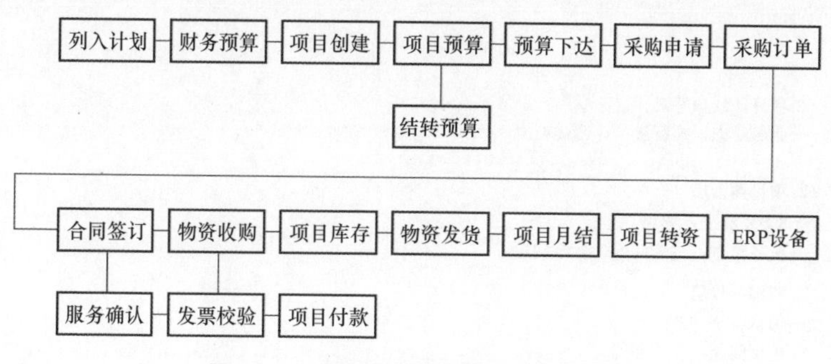

图 6-1　项目全过程业务环节流程图

6.2.1 监测原则

针对项目全过程在线监测工作，从 8 类发展投入项目角度出发，依据明细至汇总、层层监测的思路，充分遵循业务先行原则，以试点验证成果为核心，从实际实效角度出发，开展相应监测业务设计工作。主要监测设计原则为：

（1）重点突出，兼顾完整。针对 8 类项目类型进行业务分析，从监测业务价值角度出发，优先选择项目执行中的重点过程与内容，开展相应监测业务设计工作，并兼顾监测业务对关键环节的覆盖完整性及数据支撑情况，汇总形成 8 类项目类型业务监测主题。

（2）业务先行，实际实效。细化至各类项目明细层面，基于专业管理差异，开展监测业务重要性梳理，以业务为基础，以试点验证成果为依据，从实际实效角度出发，进行规则设计及相应规则整合工作。

（3）由明细至汇总层层监测。综合计划与预算在线监测设计，分别针对综合计划与预算总体层面、各项目类型汇总层面及明细项目层面逐级开展相应设计工作，实现从业务明细到综合计划汇总层层监测过程。

6.2.2 总体框架

依据项目全过程监测体系，融合框架分为总体情况、项目类型、明细项目三个层面开展监测，如图 6-2 所示。

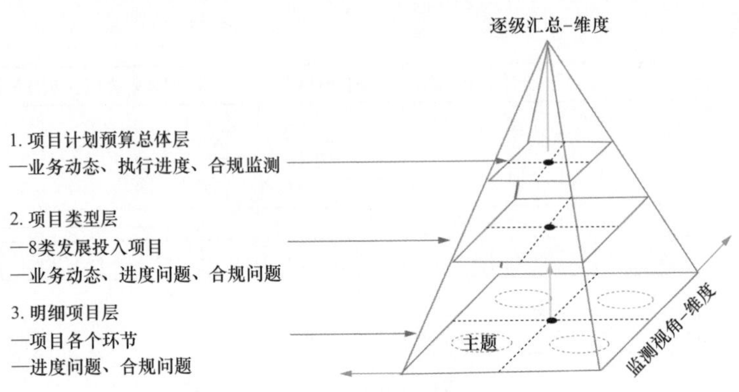

图 6–2　总体框架图

6.2.2.1　项目计划预算总体层

针对总体执行层面开展监测业务设计，旨在有效掌握综合计划和预算下达及执行的总体情况，反映发展投入项目执行过程中的进度和规范问题，从业务动态、执行进度、合规监测三个方面，及综合计划与预算总体层面针对计划预算下达、开工、支出入账、投产、决算转资 5 个环节开展监测业务设计工作。

6.2.2.2　项目类型层

项目类型层从各项目专业层面掌握综合计划和预算下达执行情况，关注关键环节及跨部门环节业务执行的进度及规范问题。从项目类型层面开展监测工作，并从项目类型层针对核准、计划预算下达、开工、合同履约 / 物资到货、支出入账、投产、结算及决算 8 个环节开展监测。

6.2.2.3　明细项目层

明细项目层从进度和合规两个方面关注项目全链条关键环节，反映明细项目问题，总体上依据电网基建项目前期、工程前期、建设实施、总结评价 4 个大环节、166 项具体环节，对 8 类项目类型的相应环节进行明细细分，针对每一环节，从进度和合规两方面开展监测设计。其中，进度监测主要包含计划进度、财务进度、汇总分析等内容，合规监测主要细化各环节标准及规范，监测项目执行合规性。

6.3 监测分析内容

项目全过程监测主要依托插件式微应用数据共享分析平台（以下简称核查工具）开展监测业务。在数据核查中，应用 ERP 系统、PMS 系统、基建管控系统、后勤管理系统等进行项目关联查询，对数据进行比对及异动核查。项目全过程监测通过对项目编号与物资订单编号相互关联，实现项目各环节明细业务信息的贯通。在物资、资金、合规性、效率等方面，从“公司层、地市层、业务层、单个项目明细层”四个方面，自下而上进行数据加工处理及项目管理指标计算，反映项目管理各类具体工作开展情况和存在问题。最小可按日频度从明细数据进行指标的逐层计算，实现异动、问题的钻取查询。

6.4 监测方法及实例

6.4.1 需求提报监测

需求提报是项目建设单位通过在 ERP 中创建采购申请，对项目实施中所需的物资、服务进行需求提报的工作环节。

需求提报监测通过明细数据进行统计分析，对项目需求提报阶段的准确性，合规性以及采购申请完成情况进行监测。对于监测出的问题，调研分析异动原因，挖掘项目管理问题，促进项目管理提升。

6.4.1.1 监测方法

通过后台数据库获取采购申请、订单相关明细数据，并按照地市、类型等维度进行数据分析。

6.4.1.2 监测规则

单个采购申请准确率监测：若｜采购申请金额 – 采购订单金额（含税）｜ >

采购订单金额（含税）×20%，则该条目为异动，需核实异动原因。

采购申请合规性监测：若项目的“创建日期”早于“项目批复时间”，则为异动。按照要求项目核准、初设批复之前，不得安排物资采购与施工招标。

6.4.1.3 趋势分析

采购申请可按2种维度、3种量度从采购申请完成率、采购申请准确率、采购申请提升率3个方面分析项目整体完成及提升情况。续建类项目需根据项目计划中的建设起止年限整体进行分析。

维度：①“单位”取自“建设单位”列；②“项目类型”取自“项目类型”列，续建项目需区分新建、续建。

量度：①采购申请完成率；②采购申请准确率；③采购申请提升率。

采购申请完成率 =（采购申请累计金额 / 预算金额）×100%

采购申请准确率 =［1-（｜采购订单 - 采购申请｜/ 采购订单）］×100%

采购申请提升率 = 采购申请完成率（当期）- 采购申请完成率（上期）

6.4.1.4 业务常见问题

（1）大修、营销类成本性项目，多采用超市化采购和框架协议采购方式，采购申请还不能与项目编码关联，故采购申请节点的取数与实际会有偏差。

（2）导致采购申请金额与采购订单金额差异较大的原因有：①计划编制过粗，询价不准确，导致项目资金节余过大；②项目计划编制中对资金类型归类错误，同时项目内容掌握不准确，设备询价较高；③部分物资价格在系统中有限制区间，该字段数据未能及时更新、维护，限制区间的价格与实际差异较大。

（3）项目建设单位在ERP中做采购申请流程操作时，未严格执行三级审批制度，由一个人操作完成，采购申请创建存在问题不易被及时发现，出现采购申请重复删除、修改的现象。

（4）部分项目物资招标流标、废标，重新招标导致时间延长，影响项目实施进度；个别项目招标采购因供应商不够或供应商低价中标引起异议，导致流标、废标；项目物资招标超预算较多导致废标。

（5）个别项目报招标采购的设备，采用替代物料进行招标，与项目计划存在差异。

6.4.2 合同签订监测

6.4.2.1 监测方法

该项监测数据涉及国网经法合同管理模块综合查询功能中的报表数据。

合同报表：通过“国网经法系统—合同管理—综合查询—按需查询所需合同列表—导出 Excel”，形成“合同报表”。

6.4.2.2 监测规则

（1）物资合同签订工作应在招标文件约定的时间内完成，如招标文件未约定时限，则应在中标通知书发出之日起 30 日内完成。

（2）同一项目设计合同是否在施工、监理合同之前。

6.4.2.3 监测分析

（1）若单个合同的生效日期与成交日期的间隔超过 30 天，即判断为合同签订超期。

（2）若同一项目设计合同与施工、监理合同生效日期相同或相近则为异动。

6.4.2.4 结论

（1）合同签订总时长超期的判断，建议依据国家电网企管〔2017〕136 号《国家电网公司合同审核管理细则》第八条的要求，对经法系统内已填报中标时间（若无中标时间，可人工查看附件中标通知书下发时间）的合同开展监测。

（2）按照项目实施的规范性要求，设计合同应在施工、监理合同前签订，通过经法系统明细数据查看是否存在同一项目设计合同与监理合同同一天的情况。

6.4.3 项目开工监测

开工监测从进度、合规性视角对项目明细开展监测，定位发现项目在开工环节执行过程中出现的开工不及时、开工不实、开工不合规等重点问题，为后续项目进度管控及计划编制提供趋势研判依据，提升项目管理的规范性和可控性。

6.4.3.1 监测方法

（1）通过“核查工具→数据钻取分析→项目全过程→项目创建”功能项，导出【项目创建汇总表】，用以监测开工项目计划金额、数量异动及趋势分析，并查看合同签订金额、物资领用金额，判断项目是否如实开工。

（2）通过“基建管控系统→项目管理→分析查询→电网建设进度管理→实时查询→导出明细”功能项，导出【开工实时查询汇总明细表】，校验核查工具中的【项目创建汇总表】“计划开始日期”（即“计划开工日期”）。

（3）通过 ERP 线上提取“计划开工时间”，并通过线下核实开工报告、检修计划，结合施工现场调研获取“实际开工日期”，整理形成【项目开工进度表】，表由“项目定义”“项目名称”“项目类型”“建设单位”“计划金额”“计划开工时间”“实际开工日期”等字段组成。

本监测主题可以按月度进行。

6.4.3.2 监测规则

开工及时性监测：分别从未开工延期、已开工但延期两方面开展监测。实际未开工且监测日期已超过了“计划开工日期”，为未开工延期；“实际开工时间”超过【项目创建汇总表】“计划开始日期”，判定为已开工延期。

开工不实监测：通过对采购合同的签订和物资领用情况的监测，发现开工不实项目。从“实际开工日期”起计，开工日期前合同签订金额或采购订单金额为零或开工日期后 2 个月内物资收货及领用金额为零，则判定为异动。

开工合规性监测：通过对已经开工（获取了“实际开工日期”）项目的监测，进行人工前置环节追溯。如果未签订供货（施工）合同或未获取施工许可先开工，则判定为异动。

6.4.3.3 趋势分析

项目开工环节可按 2 种维度、6 种量度对当年数据进行趋势分析，分析研判项目开工的进度趋势。趋势监测数据均来源于【项目开工进度表】。

维度：①“单位”取自“建设单位”列；②“项目类型”取自“项目类型”列。

量度：①“项目开工个数”取自于“实际开工日期”不为空项的“项目定义”列（可按部门或类型分）个数累计值；②“项目未开工个数”取自于“实际开工日期”为空项的“项目定义”列（可按部门或类型分）个数累计值；已开工个数占比 = 项目开工个数 /（项目开工个数 + 项目未开工个数）；“项目开工金额”取自于“实际开工日期”不为空项的“项目计划金额”列（可按部门或类型分）累加值；“项目未开工金额”取自于“实际开工日期”为空项的“项目计划金额”列（可按部门或类型分）累加值；已开工金额占比 = 项目开工金额 /（项目开工金额 + 项目未开工金额）。

6.4.3.4 业务常见问题

（1）物资需求计划提报滞后或招标周期过长。

（2）项目管理不严谨，有时因各类紧急情况，未按规定流程执行，个别工程先实施后立项。

6.4.4 工程预付款监测

6.4.4.1 监测方法

该项监测数据涉及国网经法、共享分析平台 2 个系统中的合同报表和项目计划表。

合同报表：通过“国网经法系统—合同管理—综合查询—按需查询所需合同列表—导出 Excel”，形成合同报表。

项目计划表：通过“共享分析平台—数据钻取查询—项目全过程监测—项目全过程—综合计划（发展部提供）—按需筛选并查询、导出”，形成项目计划表。

项目挂账情况查询：通过“共享分析平台—数据钻取查询—项目全过程监测—项目全过程—投资完成（支出入账）”进行查询，也可在 ERP 内查询项目成本发生情况。

6.4.4.2 监测规则

（1）确定完成会签合同清单：在合同报表中筛选“生效日期”不为空的数据，形成完成会签合同清单，按“合同对方”字段筛选常见施工、监理、设计单位，形成“项目施工、监理、设计合同签订完成表”。

（2）匹配合同对应项目名称、编码：将项目施工、监理、设计合同签订完成表中的合同名称同项目计划表进行人工匹配，查询合同对应的项目名称及项目编码。

（3）确定是否支付预付款：用匹配后的项目编码在共享分析平台内查询投资完成情况，确定施工、设计、监理挂账数据。按挂账日期、挂账金额同合同生效日期、合同金额进行比较，确定预付款挂账时间及金额。

（4）工程预付款合规性：若 ERP 系统内挂账时间早于合同签订时间，则视为异动；若 ERP 系统内挂账时间晚于合同成立时间 15 天或更长时间，则应与责任部门进行现场核实，确认合同正式生效日期。若挂账时间在正式生效 15 天内，则视为正常数据；若挂账时间超过正式生效时间 15 天，则视为异动；若挂账金额不为合同金额的 30%，则视为异动。

6.4.4.3 趋势分析

（1）通过“经法系统→合同管理→综合查询→按需选择查询部门→点击合同名称→合同正文”功能项，查看合同文本，确认合同内存在预付款规定，该合同规定生效后，应在合同生效 15 天内支付合同价格的 30%。

（2）通过 ERP 查看第一批施工费支付时间是否在合同签订 15 天内挂账。

6.4.4.4 业务常见问题

“支付比例”字段在国网经法系统中为非必填项，多数合同支付比例填报为空，准确的支付约定信息只能通过合同约定内容人工查询获取，工作量极大。目前，仅能通过查询项目投资完成明细数据，获取施工、设计、监理三类服务的挂账信息，确定挂账时间及金额，再结合合同总价，计算挂账金额占比。

因合同生效时间以甲乙双方正式签字盖章为生效标志，故建议该项检测作为预警监测项目。

6.4.5 物资收货监测

物资收货监测以项目订单、合同约定的日期、到货设备为基础进行监测。通过对物资收货流程监测，发现到货不及时、到货不实等现象，进行异动分析。

6.4.5.1 监测方法

通过“核查工具→数据钻取分析→项目全过程→物资收货→物资收货及时率”功能项导出【物资收货及时率明细信息表】，按单位和项目类型进行物资收货及时性监测分析。

通过“核查工具→数据钻取分析→项目全过程→物资收货”功能项导出【物资收货明细信息表】。通过“核查工具→数据钻取分析→项目全过程→项目总览→项目执行明细”功能项导出【综合计划项目内容明细表】。按照项目编码比对【物资收货明细信息表】中“短文本”内容和【综合计划项目内容明细表】中“计划内容”，进行项目实施内容合规性监测分析。

通过 ERP 系统导出【应付暂估金额明细表】，进行应付暂估清账及时性监测分析。

本监测主题可以按季度、月度、项目下达批次进行。

6.4.5.2 监测规则

物资收货及时性监测：从【物资收货及时率明细信息表】中筛选收货及时率低于 90% 的项目，视为异动问题。

应付暂估款监测：从【应付暂估明细报表】中筛选出跨月明细金额项目，视为异动问题。

物资收货内容与项目计划实施内容一致性监测：通过比对【物资收货明细信息表】和【综合计划项目内容明细表】中对应项目内容，发现内容不一致的项目，则为异动问题。

6.4.5.3 趋势分析

物资收货可按 3 种维度、3 种量度对当年数据进行趋势分析，分析研判物资收货特点。以下如无说明，数据均来自【物资收货明细信息表】。

维度：①“单位”取自“建设单位”；②“项目类型”取自“项目类型”列；③“物料类型”取自“大、中、小类”（三种分类可视具体分析内容自主选择）

量度：①“物资收货金额”取自“物资收货（不含税）/万元”列；②“税率”取自“税率”列；③“物资收货条目数”取自“物资收货条目数”列。

（1）通过【物资收货明细信息表】进行各类型项目物资收货金额趋势分析。

（2）按物资类型（大类），进行物资收货趋势分析。

（3）按项目建设单位，进行物资收货趋势分析。

（4）按物资税率（增值税），进行物资收货趋势分析。

6.4.5.4 业务常见问题

由于物资部门存在到货及时性管理要求，个别单位在订单收货日期临近后，存在挂应付暂估款而未真正收到货物的情况。

6.4.6 库存物资监测

库存物资分实物库存和虚拟库存两部分，实物库存是指存放在各级仓库的储备定额物资（周转物资、应急物资、备品备件）、项目暂存物资、工程结余退库物资、废旧物资和退出退役保管资产等，虚拟库存是指存放在各级虚拟库的项目直发现场物资、非项目直发现场物资、借用物资、中转物资、现场废旧物资。本监测主题主要结合线上数据及线下单据，对出库物资使用、物资冲销、结余、退库等情况进行监测。

6.4.6.1 监测方法

方法一：通过“核查工具→数据钻取分析→项目全过程→物资调拨”功能项，导出【物资调拨汇总明细表】，对照移动类型注释表，用以监测物资冲销、退库、调配业务发生金额较高的情况。

当物资冲销、退库、调拨业务的累计发生金额较高时，则视为异动，采取线下调研的方式，对物资大量退库、冲销等信息进行分析。

方法二：（1）通过“ERP→输入招标批次号→查询”功能项，导出物料表格，统计分析物资实际情况。

（2）统计物料出入库情况，并进行分析。

（3）针对统计表内非“0”的批次物资进行梳理，并线下收集各地市物资部库存信息，进行数据比较。

6.4.6.2 监测规则

（1）物资冲销、退库、调配金额过大：人工判断物资冲销、退库、调配业务的累计发生金额较高，则为异动，需同项目建设单位进一步核实其原因。

（2）物资在库时长不超过180天（除备品备件、应急物资），通过查看调库物资，预警未出库物资。

6.4.6.3 监测分析

库存物资可按4种维度、1种量度对当月、当年数据进行趋势分析，分析入库、出库物资的业务大类，是否存在某个时间段集中进行某类业务的情况，为后续项目、物资管理提供趋势研判依据。

维度：①“业务大类”取自“移动类型”（各移动类型所对应的业务大类需分类、汇总）；②“单位”取自“建设单位”列；③“项目类型”取自“项目类型”列；④“时间”可根据“凭证过账时间”按月导出。

量度：“物资金额”取自“物资金额”列。

分析方法：

（1）若ERP系统内非“0”物料数量与线下物资部退库物资不一致，则视为异动。

（2）若ERP系统非“0”物料数量与线下物资部退库物资不一致，且退库时间大于2个月，应向项目管理部门提出预警。

（3）若ERP系统非“0”物料数量与线下物资部退库物资不一致，且大于3个月，则视为异动。

6.4.6.4 业务常见问题

（1）各级物资管理部门、单位为了规避库存管理相关规定（退库物资存放不能超过 180 天、库存周转率年度 6 次），项目结余物资不能及时退库，往往存放在工地或者其他场合，存在一定的管理风险。退库物资只有等到其他项目需要时再进行退库、调拨。

（2）各级物资管理部门、单位为了达到库存相关管理规定，实体仓库实际利用率很低，大多时间内仅存有少量物资。同时存在物资未真正收货而进行收货操作（规避收货及时率考核）、物资并未出库而在系统中进行出库（规避库存物资周转率）等情况，以满足系统各类指标计算的需要。

（3）个别项目无拆旧物资计划或已拆除的废旧物资未进行后续处置。项目管理单位对项目废旧物资管理重视不够，对规定执行不力，未及时编制废旧物资计划表及鉴定表进行报备、移交。在回收废旧物资的过程中，只对废旧物资总数进行登记，未按对应项目进行回收废旧物资数量核查。

6.4.7 财务入账监测

财务入账，又称为项目支出入账，该节点能够反映项目财务入账的金额、比例，进而反映项目预算的完成情况。财务入账监测主要从进度、合规性两个视角展开。通过财务入账监测，提升项目财务入账的规范性、可控性。ERP 财务入账环节的数据是由“服务确认”“物资发货”“相关其他支出”三个部分构成。

6.4.7.1 监测方法

（1）通过“核查工具→数据钻取分析→项目全过程→项目总览”功能项，导出【项目执行明细表】，用以监测项目支出入账进度、趋势，判断支出入账是否存在异常。

（2）通过“核查工具→数据钻取分析→项目全过程→项目总览”功能项，在显示的【项目执行明细表】信息中，通过点击单个项目“投资完成”数值，向下钻取“入账明细”，用以查找单个项目支出入账异常原因。

本监测主题可以按季度、月度、周进行。

6.4.7.2 监测规则

财务入账进度与实际不符：在【项目执行明细表】中，计算单个项目财务入账完成率（即投资完成/计划金额 ×100%，若为续建项目，则为投资完成/总投资 ×100%），若财务入账完成率大于90%，可视为该项目已完工，结合线下调研项目实际进度；如未完工，则为入账超前异动。

支出入账超领用：在【项目执行明细表】中，根据表内明细数据计算出“支出入账超领用”的项目。计算公式为：领用金额 = 物资发货金额 + 服务确认金额；若［（支出入账金额 – 领用金额）/ 领用金额］>20%，则视为异动项目。使用核查工具中的数据钻取异动项目“投资完成”数值，查询入账明细，进行逐笔核查，发现其异动的原因。

支出入账环节反复冲销：由于ERP财务入账环节中的数据是由“服务确认”“物资发货”“相关其他支出”三个部分构成，因此在“物资发货”和“服务确认”环节中，存在反复冲销情形。通过核查工具钻取项目支出入账明细，对多次冲销及反复冲销的项目进行异动抽取，并核实反复冲销产生的原因。

6.4.7.3 趋势分析

财务入账环节可按2种维度、3种量度对当年数据进行趋势分析，分析研判财务入账的进度趋势。以下如无说明，数据均来自【项目执行明细表】。

维度：①“单位”取自“部门”列；②“项目类型”取自“项目类型”列。

量度：①“入账金额”取自“投资完成”列；②“预算下达金额”取自“项目预算”列；③“占比”＝入账金额/预算下达金额 ×100%。

6.4.7.4 业务常见问题

（1）项目实际进度滞后于支出入账进度的情况，需要通过人工排查分析。对完成率较高且在系统中未发现工作票、操作票或者PMS系统中没有投运信息的项目进行线下实地的核实工作。

（2）为提升项目入账率，统一按比例进行财务入账。需要通过人工对项目施工内容类似、财务入账进度基本一致的项目进行排查分析，查询项目工作票、检修计划、停电计划等是否齐备，对佐证材料不完整的项目可进行现场核查。

（3）由于业务执行部门对科目或者系统熟悉程度不够，项目存在反复冲销的情况；对于内部集体企业实施项目，存在项目管理部门开票进度超前或滞后的情形；或存在同一施工单位不同项目间调账等异常情况。需要线上线下比对验证，减少项目管理漏洞。

（4）项目结算与合同约定不符。

（5）成本性项目未按审定结算调整财务成本。

6.4.8 项目完工监测

项目完工监测主要是从进度、合规性两个视角，针对项目明细开展的监测，定位发现项目投产不及时、超短工期、项目执行不实、未完工等情况，为后续项目进度管控及验收、结算提供趋势研判依据，以达到提升计划管理水平的目的。

6.4.8.1 监测方法

通过“核数工具→数据钻取分析→项目全过程→项目总览”功能项，导出【项目执行明细信息表】【综合计划明细信息表】，对支出入账率为 0 或低于 30% 的完工项目进行监测分析。

通过“基建管理信息系统→项目管理→电网建设进度管理”功能项导出基建里程碑计划、工程实际开工时间、投产报表。通过比对项目计划投产时间与实际投产时间，结合线下收集项目竣工验收报告获取完工日期等信息，进行电网项目投产及时性和合理工期监测分析。

通过“PMS 系统→运行工作中心→主网工作票管理、主网操作票管理”功能项，可进行工作票、操作票信息查询，用以核对已完工投运的大修、生产专项等项目是否存在实际工作票据。

通过“PMS 系统→计划任务中心→主网检修计划管理、配电网计划管理”

功能项，可进行主、配电网停电计划查询，用以核对已完成服务确认的需停电才能开展的大修、生产专项等项目是否存在停电计划。

本监测主题可以按月度、项目下达批次进行。

6.4.8.2 监测规则

投产不实监测：在【项目执行明细信息表】中，筛选单体完工项目支出入账率低于 30% 的项目，则视为异动项目。

超短工期监测：通过对电网基建项目的计划 / 实际工期进行监测，发现工期不足 3 个月的完工项目，则视为异动项目。

项目未完工监测：比对【综合计划明细信息表】和【年度已完工项目明细信息表】（需线下统计），统计年度内未完工项目，则视为异动项目。

项目形象进度与实际不符：结合导出的【项目执行明细信息表】及“生产管理系统”查询的各类工作票信息，采取线下调研的方式，判断是否存在“项目形象进度与实际不符”或“未施工便完工”的现象。

6.4.8.3 趋势分析

项目完工监测可按建设单位和项目类型两种方式开展趋势分析，分为 3 种维度、3 种量度，分析项目整体完工趋势。以下如无说明，数据均来自【综合计划明细信息表】和【年度已完工项目明细信息表】。

维度：①“单位”取自“建设单位”；②“项目类型”取自“项目类型”列；③“时间”为提取【项目执行明细信息表】的时间，可按月导出。

量度：①“计划项目数”取自“计划项目数”列；②“完工项目数”取自“完工项目数”列；③“投资完成”取自“投资完成”列。

（1）按工程建设单位统计完工项目，进行完工项目趋势分析。

（2）按项目建设单位统计完工项目，进行完工项目趋势分析。

6.4.8.4 业务常见问题

（1）由于部分项目计划下达时间较晚，存在年底工程项目集中完成支出入账工作而实体工程并未完工的现象。

（2）工程管理部门提前维护工程形象进度，造成与实际进度不符。

6.4.9 项目转资监测

项目决算转资环节主要涉及电网基建、生产技改、小型基建、非生产技改、营销投入、信息化等资本类项目。从转资进度、合规性等视角对项目明细开展监测，以促进项目管理部门及时完成项目转资，提升项目管理水平。

6.4.9.1 监测方法

（1）通过“核查工具→数据钻取分析→项目全过程→项目总览”功能项，导出【项目执行明细表】，用以监测项目转资进度、趋势。

（2）通过“核查工具→数据钻取分析→项目全过程→项目总览→项目转资”功能项，导出当年【项目转资明细表】，选取“转资凭证过账日期”确定为转资日期，用以对比项目实际竣工日期。

（3）通过 ERP 系统获取项目“完成日期”，如果不为空，则以该日期为项目“实际竣工日期”，也可以从“基建管控→项目管理→进度明细表”内导出基建项目的竣工日期。人工线下收集项目的竣工决算报告上的竣工日期最为精准。

本监测主题可以在下半年对技改、基建等类型项目按月度进行。

6.4.9.2 监测规则

转资及时性：按照通用制度管理规定，设定该监测异动规则为“220kV 及以上基建项目决算转资时长超过 180 天，220kV 以下电网基建及其他工程决算转资时长超过 90 天”。应用【项目转资明细表】，选取“转资凭证过账日期”与项目实际竣工日期比对，发现项目是否存在转资延迟情况，如项目已完工，但无“转资凭证过账日期”且转资金额为空，则视为该项目“应转资未转资”异动。

6.4.9.3 趋势分析

在项目转资环节，分别对当年项目与续建项目进行趋势分析，当年项目按照 2 种维度、2 种量度进行趋势分析，续建项目按照 1 种维度、2 种量度进行趋势分析，研判项目转资的进度趋势。当年项目数据来自【项目执行明细表】，续建项目数据来自【续建项目执行明细表】。

维度：①“单位”取自“部门”列；②“项目类型”取自“项目类型”列。

量度：①“投资完成金额”取自“投资完成”列；②“转资金额”取自“转资金额”列。

6.4.9.4 业务常见问题

（1）ERP 系统中数据质量有待提高。由于提取 ERP 系统项目管理器中“完成日期”为项目实际竣工日期，而该字段不为 ERP 必填字段，因此存在数据缺失或以“计划完成日期”填报该字段现象，对项目转资及时性监测有一定影响。可参考基建管控系统和 PMS 系统的“竣工日期”或“投运日期”来确定实际竣工日期。实际应以线下竣工决算报告为准。

（2）基建项目从第一次转资到最后一次转资完成可能历时几年。存在工程资料不全、外部审计时间太长、项目并未完全竣工投运，而是部分资产达到预计可使用状态后，即进行第一次转资，工程实际并未按期竣工，甚至延期竣工等现象。

6.5 大数据分析应用

6.5.1 应用目标

通过人工智能算法，运用深度学习模式，结合现有字符识别（Optical Character Recognition，OCR）技术，私有化部署采集和 OCR 识别功能，可实现对合同和中标通知书的相关内容进行识别。随着大数据及深度学习技术发展，企业在信息采集应用方面要求越来越严格，对信息数据质量及员工的工作效率要求越来越高。OCR 技术可实现对图片文字的实时识别和转义。借助机器代替人力，可高效准确地获取结构化的数据，解放大量人力物力，提高人员的工作效率。

6.5.2 主要做法

采用 MVC 分层系统架构，展示交互层用以提供用户操作及采集任务和文件的展示；业务控制层用以控制系统运转，包括采集管理、OCR 图像识别、结果查询、用户管理等模块；算法层主要包括预处理、方向矫正、行检测识别以及语义分析；数据层将处理任务信息、文件和识别的信息；任务信息和识别信息存储在 MYSQL 数据库中，提取到的文件存储到操作系统的文件目录中。系统实现对工程和算法的模块化分层，降低系统耦合，实现模块化处理，物资信息智能识别系统技术执行流程如图 6–3 所示。

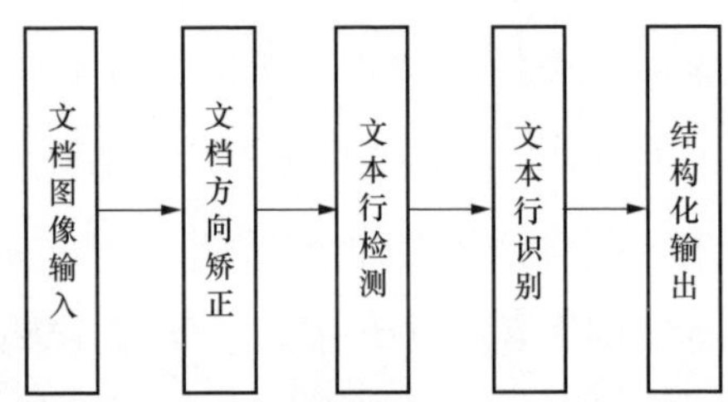

图 6–3　物资信息智能识别系统技术流程图

6.5.2.1　文档图像输入

文档图像输入是只通过 Java，实时地从磁盘读取指定位置的文件，然后对每个文件，截取成一页一页的图片文件，形成图片文件集，通过 List 方式，结合爬取的字段，以数据流的方式，向工程输入图片流，用于算法识别。

6.5.2.2　文档方向校正

文档方向校正采用的是改进的轻量化卷积神经网络 MobileNetV2 模型，实时性好。MobileNetV1 中使用的深度可分离卷积结构是模型压缩中最为经典的策略，它是通过将跨通道的 3×3 卷积换成单通道的卷积和跨通道的 1×1 卷积来减少参数量，提高推断速度。MobileNetV1 存在非常严重的信息损失问题，而 MobileNetV2 是在 MobileNetV1 的基础上引入了残差结构，根据实际场景改进后的 MobileNetV2 可以实现文档方向检测准确率 100%。

6.5.2.3　文本行检测

文本行检测算法采用的是后处理算法（Progressive Scale Expansion Algorithm Net，PSENet）改进版，PSENet 是新近推出的文本行检测算法，其对于复杂场景下的文本行检测问题表现出了非常优异的性能。文本行检测主要关注：检测任意形状的文字块的方法、分离靠得很近的文字块的方法、通过卷积核来构建完整的文字块的方法。目前很多文字检测方法都是基于边框回归（Bounding Box Regression，BBR）的，虽然它们在常规的文字块检测任务中取得了不错的效果，但是很难准确地定位弯曲文字块。而基于语义分割的方法恰好能很好地解决这个问题，语义分割可以从像素级别上分割文字区域和背景区域。直接用语义分割来检测文字又会遇到新的问题，很难分离靠得很近的文字块。因为语义分割只关心每个像素的分类问题，所以即使文字块的一些边缘像素分类错误也影响不大。对于这个问题，一个直接思路是：增大文字块之间的距离，是它们离得远一点。基于这个思路，引入了新的概念卷积核，顾名思义就是文字块的核心。利用卷积核可以有效地分离靠得很近的文字块。

PSENet 的主干网络是特征金字塔网络（Feature Pyramid Networks，FPN），一张图片通过 FPN 可以得到四个特征图（Feature Map）$P_2/P_3/P_4/P_5$，然后通过函数 $C(\cdot)$ 合并 $P_2/P_3/P_4/P_5$ 得到函数 F。$C(\cdot)$ 的具体公式为

$$F = C(P_2, P_3, P_4, P_5) = P_2 \| U_{p\times2}(P_3) \| U_{p\times4}(P_4) \| U_{p\times8}(P_5)$$

式中：“‖”表示拼接操作；$U_{p\times2}$，$U_{p\times4}$，$U_{p\times8}$ 分别表示 2、4、8 倍上采样。

F 的分割图为 S_1，S_2，…，S_n，其中 S_1 是最小分割图，里面不同的连通区域都可以看作不同文字块的卷积核；S_n 是最大分割图，是不完整的文字块。最后通过一个渐进扩展算法去不断扩展 S_1 中的每个卷积核，直到变成 S_n 中完整的文字块 R，算法解析如图 6-4 所示。

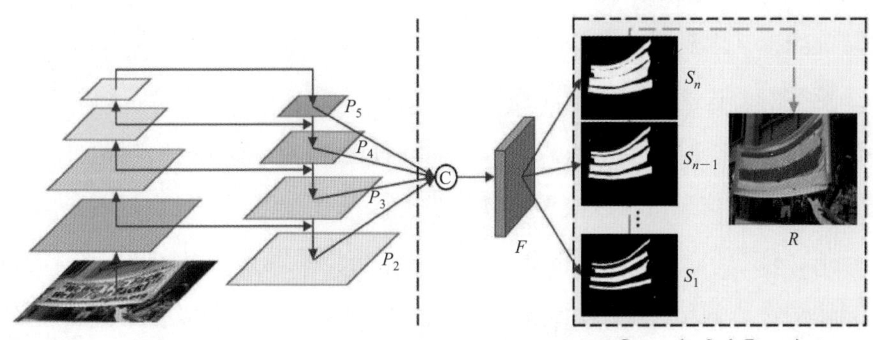

图 6-4　算法解析结构图

6.5.2.4 文本行识别算法

文本行识别算法采用的是“改进的卷积神经网络（Convolutional Neural Networks，CNN）+长短期记忆网络（Long Short-Term Memory，LSTM）+基于神经网络的时序类分类（Connectionist Temporal Classification，CTC）”结构，该结构广泛用在文本识别任务中，可以解决不定长的文本序列识别问题，其不需要对单个文字进行切割，而是将本文识别转化为时序的序列学习问题。

算法包括：①卷积层，对输入图像提取特征，得到特征图；②循环层，对序列中的每个特征向量进行学习，并输出预测分布；③转录层，使用 CTC loss 把从循环层获取的一系列标签分布转换成最终的标签序列。卷积层中加入批标准化，加速模型的收敛，缩短训练过程。

输入图像维灰度图像（单通道）；高度为 32，图片通过 CNN 后，高度变为 1；CNN 输出尺寸为（512，1，40），即 CNN 最后得到 512 个特征图，每个特征图高度为 1，宽度为 40。

不能直接把 CNN 得到的特征图送入循环神经网络进行训练，需要进行一些调整，根据特征提取循环神经网络需要的特征向量序列。从 CNN 模型产生的特征图中提取特征向量序列，每个特征向量在特征图上按列从左到右产生，每一列包含 512 维特征，意味着第 i 个特征向量是所有的特征图第 i 列像素的连接，这些特征向量构成了一个序列。由于卷积层、最大池化层和激活函数在局部区域上执行，因此它们是平移不变的。特征图的每列（即一个特征向量）对应于原始图像的一个矩形区域（称为感受野），并且这些矩形区域与特征图上从左到右的相应列具有相同的顺序。特征序列中的每个向量关联一个感受野。这些特征向量序列就作为循环层的输入，每个特征图作为循环神经网络在一个时间步的输入。因为循环神经网络有梯度消失问题，不能获取更多上下文信息，所以模型中使用的是长短期记忆网络（Long Short-Term Memory，LSTM），LSTM 特殊设计允许它捕获长距离依赖。LSTM 是单向的，它只使用过去的信息。然而，在基于图像的序列中，两个方向的上下文是相互有用且互补的。将两个 LSTM，一个向前和一个向后组合到一个双向 LSTM

中。此外，可以堆叠多层双向 LSTM，深层结构允许比浅层抽象更高层次的抽象，算法分析如图 6–5 所示。

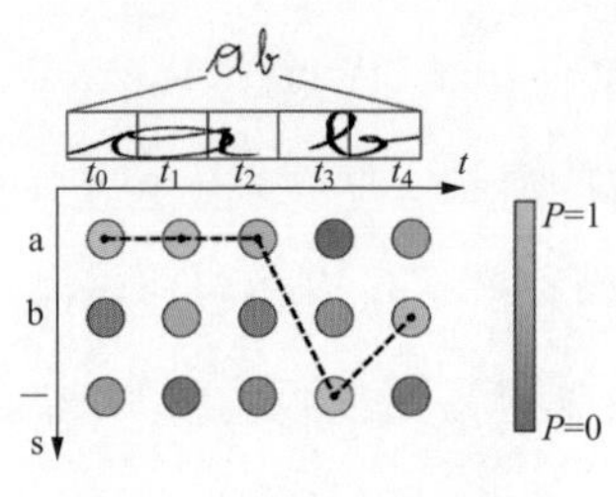

图 6–5　算法分析图

模型总循环层输出的是一个不定长的序列，要将该序列翻译成最终的识别结果。循环层进行时序分类时，不可避免地会出现很多冗余信息，比如一个字母被连续识别两次，这就需要一套去冗余机制。比如要识别上面这个文本，其中循环层中有 5 个时间步，理想情况下 t_0，t_1，t_2 时刻都应映射为“a”，t_3，t_4 时刻都应映射为“b”，然后将这些字符序列连接起来得到“aaabb”，再将连续重复的字符合并成一个，那么最终结果为“ab”。这似乎是个比较好的方法，但是存在一个问题，如果是 book，hello 之类的词，合并连续字符后就会得到 bok 和 helo，这显然不行，所以 CTC 有一个匹配机制来解决这个问题。比如以“–”符号代表 blank，循环层输出序列时，在文本标签中的重复的字符之间插入一个“–”，比如输出序列为“bbooo–ookk”，则最后将被映射为“book”，即有 blank 字符隔开的话，连续相同字符就不进行合并。即对字符序列先删除连续重复字符，然后从路径中删除所有“–”字符，这个称为解码过程，而编码则是由神经网络来实现。引入匹配机制，就可以很好地解决重复字符的问题。相同的文本标签可以有多个不同的字符对齐组合，例如，“aa–b”和“aabb”以及“–abb”都代表相同的文本（“ab”），但是与图像的对齐方式不同。综上所述，一个文本标签存在一条或多条的路径。在训练阶段，需要根据这些概率分布向量和相应的文本标签得到损失函数，从而训练神经网路模型。

采用“CNN+LSTM+CTC”的模型组合可以使得识别的字准确率达到97%以上。

6.5.2.5 结构化输出

结构化输出针对不同的应用场景会有不同的配置选项，如满足键值（Key-Value）型的文档可以采用正则表达加元素定位（Regex+Position）的方式进行结构化输出。而提取关注内容的场景下一般使用命名实体识别（Named Entity Recognition，NER）方式。如果需要整版输出的情况，则根据检测的文本行位置进行结构化输出。

6.5.3 应用成效及创新性

6.5.3.1 合同和中标通知书内容识别

当合同和中标通知书信息量较大需要批量查看下载时，通过人工智能算法，运用深度学习模式，结合现有OCR技术，可以实现对经法系统的合同和中标通知书的相关内容进行识别，如图6-6所示。识别中标通知书中的字段（序号、通知书编号、采购项目编号、项目名称、招标单位、中标单位、采购方式、定价规则、折扣率、中标金额、签约期限、通知书签订日期），合同字段[序号、合同编号、合同名称、合同类型、工程名称、发包单位、承包单

图6-6 合同和中标通知书内容识别

位、签订日期、生效时间、签订地点、开工通知、合同金额（大写）、合同暂定价、是否含税、折扣率、预付款、预付款时间、预付款比例、进度款、质保金、发票税率、工程款、安全保证金]，形成可编辑归档的文字资料，用机器代替人工，节省人力同时提高工作效率。

6.5.3.2 数据采集

数据采集处理流程一般包括滤波、采样、存储和处理四个环节。通过开发和应用“基于大数据应用的OCR技术”，在合同管理工作上的创新点主要有以下四个方面。

（1）整理了经法系统上工程建设类施工类合同的关键数据，实现纸质数据信息化，使数据永久留存。经法系统上管理的合同数量庞大，其中纸质的中标通知书数据在系统中表现形式为图片格式，尚未实现数据的电子存档。应用OCR技术可以识别中标通知书图片，有效地解决了关键数据的保存问题。

（2）在识别的数据基础上，可以开展纸质数据的核对和监测工作。依据《国家电网公司合同管理办法》《国家电网公司合同审核管理细则》，经法系统中合同和中标通知书数据应该满足完整性、准确性、一致性要求，例如合同和中标通知书中的工程名称、承包方等需要完全一致、合同应在中标通知书发出之日起30日内签约等。通过OCR技术识别合同和中标通知书后形成结构化的数据，可以对其进行数据核对和监测，及时发现问题并解决。

（3）识别的合同及中标通知书的数据统计结果能够为分析和预测提供强有力的数据依托，可以实现合同现状的分析以及未来趋势的预测。折扣率、合同预付款比例、尾款比例等数据可作为工程实施工期或进度的指标参考，合同数能够在一定程度上反映工程建设能力。此外，基于现状数据的分析结构能够为将来趋势预测提供理论依据。

（4）实现了数据整理工作的批量化和自动化。在实际的数据核对工作中，摘录核对数据工作繁琐机械，需要不断地核对合同和中标通知书中的重点字段，例如工程名称、预付款比例、质量保证金比例等，合同内容较多，有的合同页数多达200页。处理数据的人员对照起来常常消耗很多的精力和时间，如有不慎会出现错漏现象，这对他们来说无疑是不小的工作负担。应用 OCR 技术自动识别合同和通知书的数据，并可导出成规范的表格数据，将人员从机械、重复的工作中解放出来，提高了数据核对和监测的质量，节省了时间，提高了工作效率。

6.5.4 可推广性

经法系统很难实现一次性下载多个或全部合同以及中标通知书文件，需要手动选择并逐个下载，下载后的合同文件和中标通知书文件需要手动录入相关核心信息，耗时费力。使用机器采集数据批量下载并自动识别关键文字信息，无疑解放了人力又提升效率，还可以保证数据的完整性和准确性。

物资信息智能识别产品以可行性及先进性为出发点，保证系统的安全性，采用成熟的 J2EE 技术架构，服务器部署服务，客户端浏览器进行配置操作，以便提供更易用开放的系统功能。

7

用电营商环境监测

世界银行于2002年成立营商环境工作组（Doing Business），自2003年开始，世界银行连续每年发布年度《全球营商环境报告》，目的在于督促各国改善法律和监管环境，促进民营企业发展。本章以宁夏为例，通过对用电营销环境各环节进行量化分析，为电网企业提供研究制定优化营商措施提供可靠数据支撑。

7.1 基本概念

用电营商环境监测分析通过提取营销业扩、95598热线、电费、用户档案等业务数据，经过数据清洗、转换与整合，形成用电营商环境相关数据宽表，从办电环节、办电时长、办电成本、供电可靠性、用户感知体验等多个监测视角，实现用电营商环境全方位、多角度、多层级监测与展示分析。

7.2 监测目的

以提升客户“获得电力”满意度为目标，聚焦环节、时间、成本、供电可靠性等关键要素，通过数据挖掘分析，全方位分析用电营销环境执行过程中存在的问题和短板，辅助业务部门制定对策，精准发力，从根本上推动服务方式变革、服务手段完善、服务流程优化，持续提升服务能力，切实践行“人民电业为人民”的企业宗旨。

7.3 监测原则

为了实现对用电营商环境全方位、多层级、多角度的全景监测，反映真实情况，定位服务短板，提出优化建议，为用电营商环境优化工作提供有力支撑，监测分析应遵循以下原则。

（1）反映真实情况。加强跨专业、跨层级、跨部门监测能力，真实反映客户用电服务感受以及相关业务开展现状，反映用电营商环境真实情况。

（2）定位服务短板。分析和掌握影响用电营商环境水平的各种因素，精准定位运营管理存在的不足，客观呈现并分析问题存在的深层次原因。

（3）基于问题和不足，提出针对性优化建议，为后续用电营商环境优化工作指引方向，为决策部署提供参考。

7.4 监测思路

用电营商环境监测按照内外融合、适度超前、夯基固本和稳步提升的思路开展监测分析。

（1）内外融合：立足“第三方”监测视角，外部视角换位思考，透视公司服务感知体验和央企责任担当；内部视角统筹汇集现有监测和数据资源，内外结合开展监测。

（2）适度超前：借鉴营商环境评价视角，以客户感知为重点，以获得电力指标为基础，适度超前扩充部分内容，构建简明有效监测体系，增强服务公司决策能力。

（3）夯基固本：促进内部数据融合，建立外部数据采集机制，厘清外部视角与内部业务关联，抓住获得电力指标核心要素和基础数据，持续提升互联网部服务能力。

（4）稳步提升：明确预期目标，考虑客观实际，制定监测内容深化路线图，细分阶段目标，实现监测成效和辅助手段的螺旋迭代上升，确保业务完善和作用发挥相辅相成、同步推进。

7.5 监测实例

监测案例主要从办电环节、接电时长、接电成本、供电可靠性与电费透明度、客户营商反馈五个方面进行分析。通过不同维度的挖掘分析，全面展示银川地区用电营商环境业务情况，客观反映银川地区用电营商环境各环节的运转情况和薄弱环节，为有针对性的优化营商环境优化提供有力支撑。

7.5.1 办电环节监测

按国家电网办〔2018〕1028号文件要求，对大中型企业客户办电环节，合并现场勘查与供电方案答复、外部工程施工与竣工检验、合同签订与装表接电环节，取消非重要电力客户设计审查和中间检查环节，压减为“申请受理、供电方案答复、外部工程实施、装表接电”四个环节；对于延伸电网投资界面至客户红线的新装项目，以及不涉及外部工程的增容项目，进一步压减为“申请受理、供电方案答复、装表接电”三个环节。对小微企业及低压非居民客户，因引导客户在申请用电时确定装表位置，在现场查勘时启动外部工程实施，在装表接电时签订供用电合同，办电环节压减为“申请受理、外部工程实施、装表接电”三个环节；对于延伸电网投资界面至客户红线，以及具备直接装表条件的，进一步压减为“申请受理、装表接电”两个环节。各电压等级新装流程全环节数量见表7–1。

表7–1　各电压等级新装流程全环节数量表　（个）

业务类型	220V	380V	10kV	35kV	110kV
低压非居民新装	17	17			
高压新装			26	26	27

7.5.1.1 与客户交互环节监测

与客户交互环节主要指用电客户与供电公司、政府机构、电力承包商等外部各方的互动过程，一次互动判定为一个环节。本监测点主要以客户视角监测用电客户与电网企业间的互动情况。立足客户视角，结合世界银行对客户交互环节的定义，按低压（居民、非居民）和高压两个等级监测当前客户参与的业扩环节数量、环节工作内容及环节复杂程度。重点关注申请受理及时性、供电方案答复合理性、外部工程设计施工科学经济性、合规性、竣工验收和装表送电的规范性等方面业务环节。

（1）办电环节数量及内容监测。通过抽取营销系统 2018~2019 年业扩环节全量数据，监测分析 2018~2019 年 ×× 地区业扩环节中与客户交互环节的数量及内容变化情况，是否按照国家电网办〔2018〕1028 号文件的要求对办电环节及内容进行压减设置。具体明细见表 7–2。

表 7–2　××电力公司业扩报装客户交互办电环节（内容）明细表

序号	低压非居民用电		高压用电	
	2018 年	2019 年	2018 年	2019 年
1	业务受理	业务受理	业务受理	业务受理
2	勘查确定方案	勘查确定方案	现场勘查	现场勘查
3	竣工报验	竣工报验	答复供电方案	答复供电方案
4	竣工检验	竣工检验	设计文件受理	设计文件受理
5	装表	装表	中间检查受理	中间检查受理
6	合同新签	合同新签	中间检查	中间检查
7	送电	送电	竣工报验	竣工报验
8			竣工验收	竣工验收
9			装表	装表
10			确定费用	确定费用
11			签订合同	签订合同
12			送电	送电

表 7–2 是业扩报装流程中与客户交互环节及内容明细，突出反映业扩流程并未按照国家电网办〔2018〕1028 号文件要求，对办电环节及内容进行压减。

（2）环节复杂度监测。通过对交互环节的复杂度进行分析，研判环节优化可能性与方式，有针对性地提出精简及优化建议，有效降低客户参与环节数量，减少客户办电参与成本，提高办电效率。

1）客户办电所需提交材料监测。通过调研的方式获取低压居民、低压非居民和高压客户办电所需提供材料，见表 7–3。

表 7–3　××电力公司业扩报装客户提交材料明细表

客户类型	低压居民	低压非居民	高压客户
提交材料	1. 居民身份证 2. 房产权属证明	1. 营业执照或组织机构代码证 2. 房产权属证明	1. 营业执照或组织机构代码证 2. 房产权属证明 说明：（1）高危重要用户需要增加：当地发改部门关于项目立项的批复； （2）煤矿客户需增加：采矿许可证、安全生产许可证 （3）非煤矿山客户需增加：采矿许可证、安全生产许可证、政府主管部门批准文件
数量	2	2	2

通过调研发现，客户办电所需提交材料均符合国家电网办〔2018〕150 号文件要求。除法规明确要求客户必须提供的资料、证照外，不需客户额外提供其他证明材料。对增容、变更业务已有客户资料或资质证件尚在有效期内的，不得要求客户再次提供。已提供加载统一社会信用代码的营业执照的，不再要求提供组织机构代码和税务登记证明。

2）环节回退情况监测。通过掌握 2018 年 ×× 地区 10kV 及以上业扩办电交互环节整体情况，针对多次重复流转的交互环节，选取 ×× 地区 2018 年高压新装增容业扩报装全量数据，对 1152 个高压新装、增容办电业务环节中存在 2 次及以上的异动情况进行统计分析，如图 7–1 所示。

分析结果显示，在与用户交互的办电环节中，现场勘查环节有 119 个工单存在 2 次以上回退工单的现象，其中：10kV 有 84 个 2 次环节回退，14 个 3 次环节回退，6 个 4 次环节回退。另外，在 35kV 和 110kV 各存在 1 个回退 5 次的办电流程，工单回退的主要原因是，在配表环节中，业务人员发现计量资产配置与现场勘查时配置的计量资产不一致，进行工单回退修改，建议业务人员及时与计量单位沟通，避免工单流程回退。

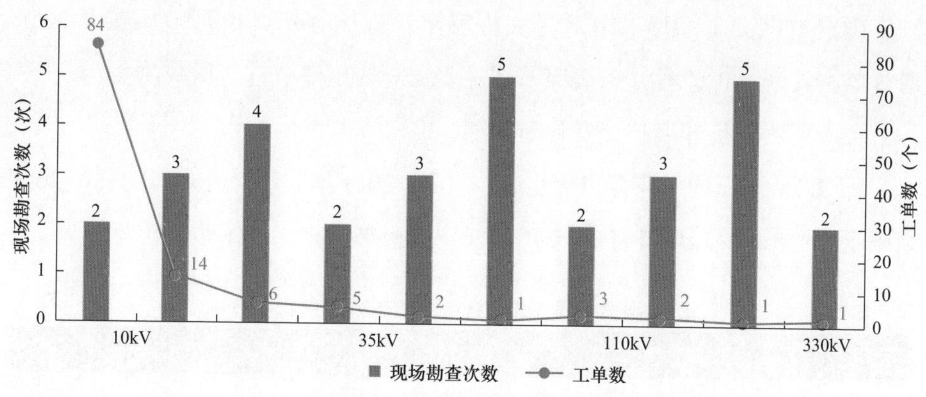

图 7-1　交互环节工单情况图

7.5.1.2　非客户交互环节监测

非交互环节是指，业扩报装过程中在电网企业内部流转、客户未直接参与的业务活动，业扩非交互环节数量多、占比大、复杂度高，下面从低压和高压两个维度进行监测分析。

（1）低压非居业扩非客户交互环节监测。2018 年，× × 电力公司 220V、380V 低压非居业扩非客户交互环节为 9 个，均与 2018 年环节一样，具体环节见表 7-4。

表 7-4　× × 电力公司低压非居业扩非客户交互环节

序号	220V		380V	
	2018 年	2019 年	2018 年	2019 年
1	勘查派工	勘查派工	勘查派工	勘查派工
2	审批	审批	审批	审批
3	配表	配表	配表	配表
4	设备出库	设备出库	设备出库	设备出库
5	安装派工	安装派工	安装派工	安装派工
6	信息归档	信息归档	信息归档	信息归档
7	维护用户采集点关系	维护用户采集点关系	维护用户采集点关系	维护用户采集点关系
8	新户分配抄表段	新户分配抄表段	新户分配抄表段	新户分配抄表段
9	归档	归档	归档	归档

国家电网办〔2018〕1028 号文件要求：低压客户办电环节压减至 3 个。通过监测发现业扩流程并未按照该文件要求对低压环节进行压减。

（2）高压业扩非客户交互环节监测。

1）10kV 高压业扩非客户交互环节监测。2019 年 1 月，×× 电力公司 10kV 高压业扩非客户交互环节有 14 个，与 2018 年环节一样，具体环节见表 7–5。

表 7–5　××电力公司 10kV 高压业扩非客户交互环节

序号	2018 年	2019 年
1	勘查派工	勘查派工
2	审核	审核
3	拟定供电方案	拟定供电方案
4	复核	复核
5	设计文件审核	设计文件审核
6	配表	配表
7	设备出库	设备出库
8	安装派工	安装派工
9	信息归档	信息归档
10	客户空间位置及拓扑关系维护	客户空间位置及拓扑关系维护
11	维护用户采集点关系	维护用户采集点关系
12	新户分配抄表段	新户分配抄表段
13	电费试算	电费试算
14	归档	归档

2）35kV 及以上高压业扩非客户交互环节监测。2019 年 1 月，×× 电力公司 35kV 高压业扩非客户交互环节有 14 个，110kV 高压业扩非客户交互环节有 15 个，均与 2018 年环节一样。具体环节见表 7–6。

国家电网办〔2018〕150 号《国家电网公司关于印发报装接电专项治理行动优化营商环境工作方案的通知》要求：高压客户办电环节压减至 4 个，通过监测发现业扩流程并未按照该文件要求对高压环节进行压减。

表 7-6　××电力公司 35kV 及以上高压业扩非客户交互环节

序号	35kV		110kV	
	2018 年	2019 年	2018 年	2019 年
1	勘查派工	勘查派工	勘查派工	勘查派工
2	审核	审核	审核	审核
3	拟定供电方案	拟定供电方案	接入系统设计要求拟定	接入系统设计要求拟定
4	供电方案集中会审或会签	供电方案集中会审或会签	拟定供电方案	拟定供电方案
5	设计文件审核	设计文件审核	供电方案评审	供电方案评审
6	配表	配表	设计文件审核	设计文件审核
7	设备出库	设备出库	配表	配表
8	安装派工	安装派工	设备出库	设备出库
9	信息归档	信息归档	安装派工	安装派工
10	客户空间位置及拓扑关系维护	客户空间位置及拓扑关系维护	信息归档	信息归档
11	维护用户采集点关系	维护用户采集点关系	客户空间位置及拓扑关系维护	客户空间位置及拓扑关系维护
12	新户分配抄表段	新户分配抄表段	维护用户采集点关系	维护用户采集点关系
13	电费试算	电费试算	新户分配抄表段	新户分配抄表段
14	归档	归档	电费试算	电费试算
15			归档	归档

7.5.1.3　便捷服务监测

（1）便捷服务渠道分布及趋势监测。便捷服务是指通过互联网等便捷渠道为客户提供各类业扩业务的便捷办理，包括在线提交业扩申请、在线查询业扩进度、在线评价业扩服务等。世界银行目前暂未将供电公司是否提供线上业扩服务渠道纳入“获得电力”评价体系，但互联网服务渠道的应用有助于加快业扩流程运转速度，减少客户接电占用时间，提高客户服务感知和满意度，因此有必要对便捷服务进行监测。

1）业扩便捷服务渠道分布监测。业扩便捷服务渠道主要为线上服务渠道，如95598互动网站、掌上电力APP、95598热线电话等。2018年，××地区线上办电工单7570个，同比增加2681个，上升54.84%，如图7-2所示。

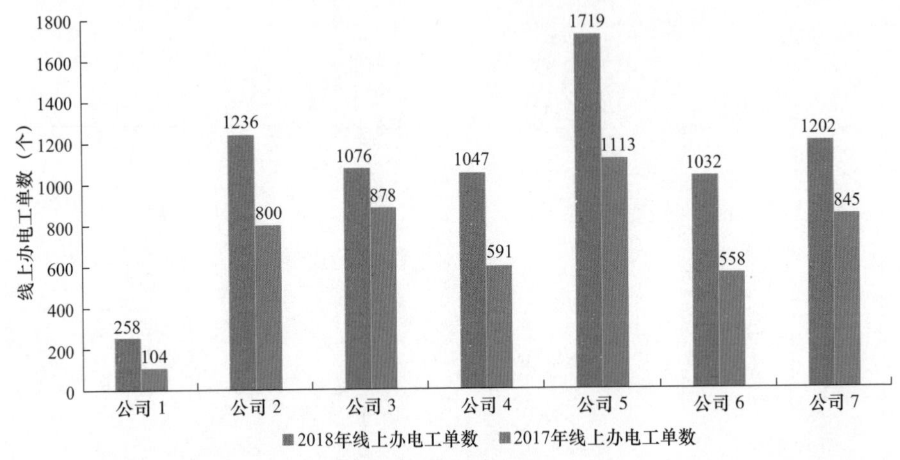

图7-2 各单位便捷服务渠道线上办电

根据用电类别不同，乡村居民生活用电、非居民照明线上办电数最多，分别为1869个、1603个；农业生产用电、商业用电次之，分别为1398个、1205个，如图7-3所示。

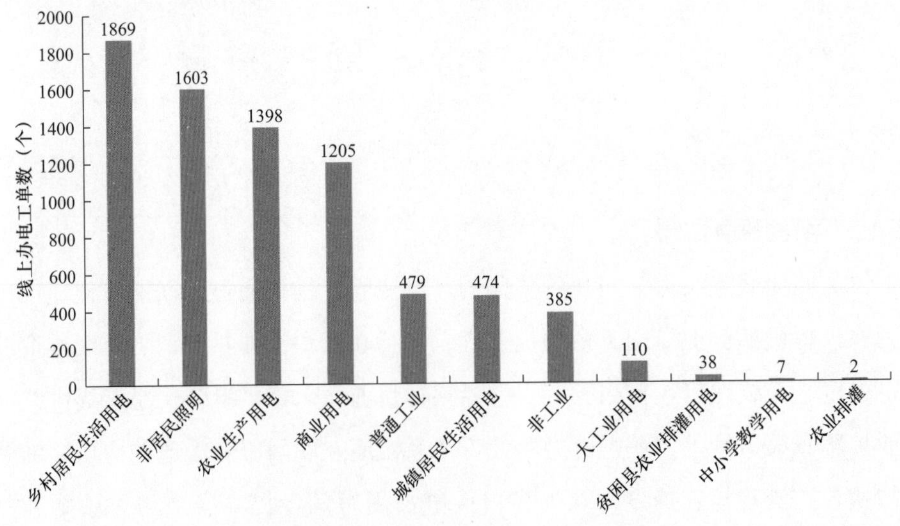

图7-3 各用电类别线上办电情况

根据电压等级不同，220、380V 电压等级线上办电最多，占线上办电总数的近 90%，如图 7–4 所示。

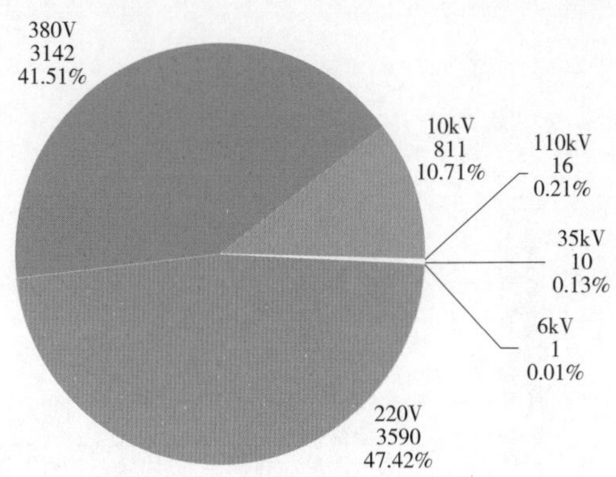

图 7–4　各电压等级线上办电情况

2）各类业扩便捷服务渠道发展趋势。从全年来看，2~5 月线上办电呈上升趋势，6 月开始有所下降，9 月起线上办电数量开始上升，11 月达到峰值，为 951 个，如图 7–5 所示。

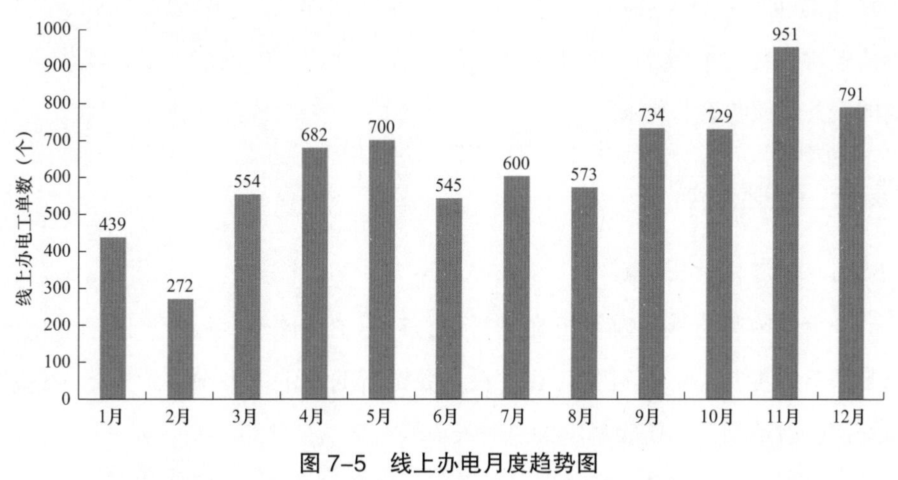

图 7–5　线上办电月度趋势图

（2）便捷服务渠道客户需求监测。

1）客户诉求热点监测。2018 年，× × 地区线上服务类型均为在线提交业扩申请工单，无在线查询业扩进度、在线评价业扩服务类工单。在线提交业扩申请业务类型如图 7–6 所示。其中，低压非居民新装线上申请工单最多，为 4279 个；低压居民新装次之，为 2335 个；高压新装及增容、低压增容工单较少。

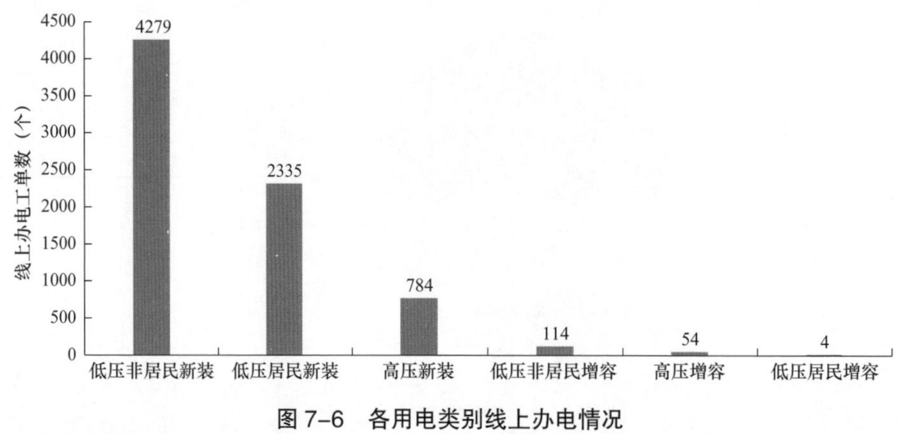

图 7–6　各用电类别线上办电情况

2）服务渠道使用问题分析。该部分内容需由第三方机构以调查问卷形式对客户使用 95598 互动网站、掌上电力 APP、95598 热线电话等便捷服务渠道过程中存在的问题进行分析。通过分析发现，客户对各类服务渠道使用过程中存在的问题主要表现在，界面不友好、操作流程复杂、登录时间长、使用不流畅等，建议业务部门要主动掌握客户在便捷服务方面的诉求，提供更便捷的服务、改善客户体验。

7.5.2 接电时长监测

7.5.2.1　全流程时长监测

全流程时长直接影响客户在获得电力过程中的体验，从客户感知的角度以自然日对业扩总时长进行计算。在世界银行的评价体系中该指标指企业从提交用电申请到最终验收送电的总时长。

（1）低压非居民业扩接电时长监测。

1）总体时长监测。2019 年 1 月，×× 电力公司共计完成低压非居民业扩工单 1863 个，低压非居民平均接电时间 1.06 天。

按单位分析，公司 1 低压非居民业扩工单平均接电时间最长，为 1.23 天；

公司 2 完成低压非居民业扩工单最多，为 674 个，平均接电时间也较长，为 1.21 天；公司 6 完成低压非居民业扩工单最少，为 85 个，低压非居民业扩平均接电时间也最短，为 0.49 天。各单位低电压非居民平均接电时长如图 7–7 所示。

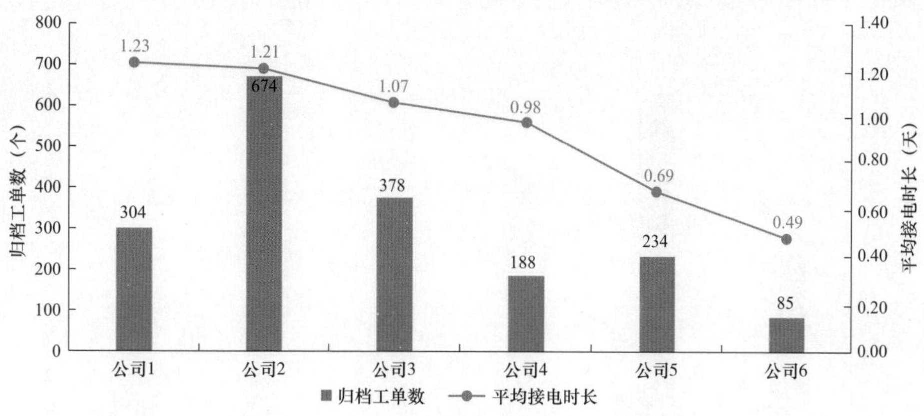

图 7–7　各单位低电压非居民平均接电时长

按电压等级分析，380V 电压等级归档低压非居民业扩工单最多，为 1606 个，平均接电时间最短，为 1.05 天；220V 电压等级归档低压非居民业扩工单 257 个，平均接电时间为 1.17 天。各电压等级低压非居民平均接电时长如图 7–8 所示。

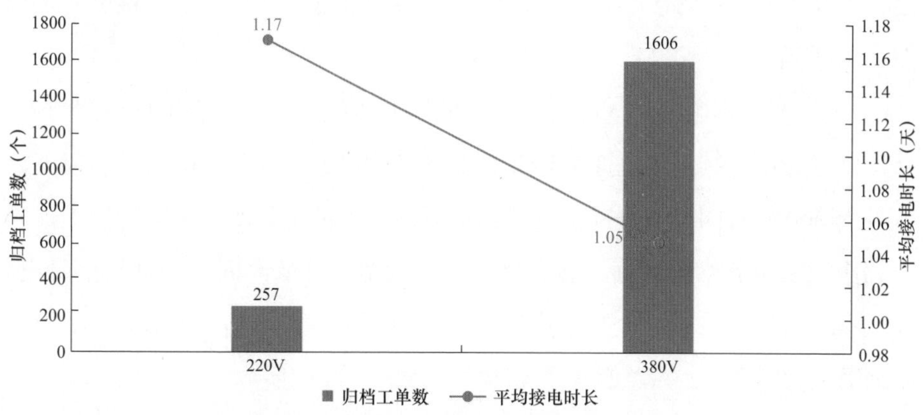

图 7–8　各电压等级低压非居民平均接电时长

按用电容量分析，315kVA 及以上低压非居民业扩工单最少，为 14 个，平均接电时间却最长，为 1.88 天；10kVA 以下低压非居民业扩工单平均接电时间最短，为 1.02 天；10~30kVA 低压非居民业扩工单最多，为 1131 个，平均接电时间较短，为 1.04 天。由此可见，用电容量与平均接电时长基本呈正比。各用电容量低压非居民平均接电时长如图 7–9 所示。

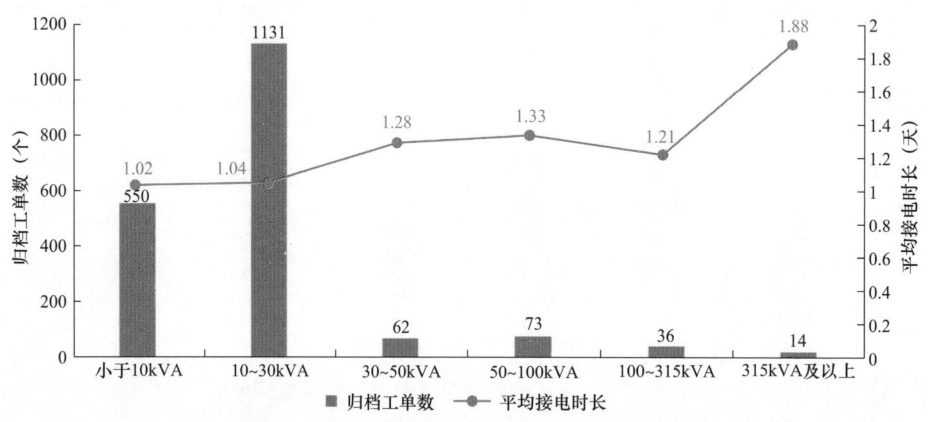

图 7–9　各用电容量低压非居民平均接电时长

按行业类别分析，金融、房地产、商务及居民服务业低压非居民业扩平均接电时间最长，为 1.46 天；农林牧渔业低压非居民业扩工单最多，为 1044 个，平均接电时间为 0.97 天；公共事业及管理组织业低压非居民业扩工单次之，为 308 个，平均接电时间为 1.14 天。各行业低压非居民平均接电时长如图 7–10 所示。

2）环节时长监测。该部分主要对低压非居民新装、增容用户申请受理、外部工程实施、装表接电 3 个环节时长进行监测分析。其中申请受理环节为业务受理开始时间至勘查确定方案结束时间；外部工程实施环节为竣工报验开始至竣工报验结束时间；装表接电环节为配表开始时间至送电结束时间。在低压非居民业扩报装全环节中，装表接电时间最长，占总时长的 46.65%；申请受理时间次之，占总时长的 43.95%。如图 7–11 所示。

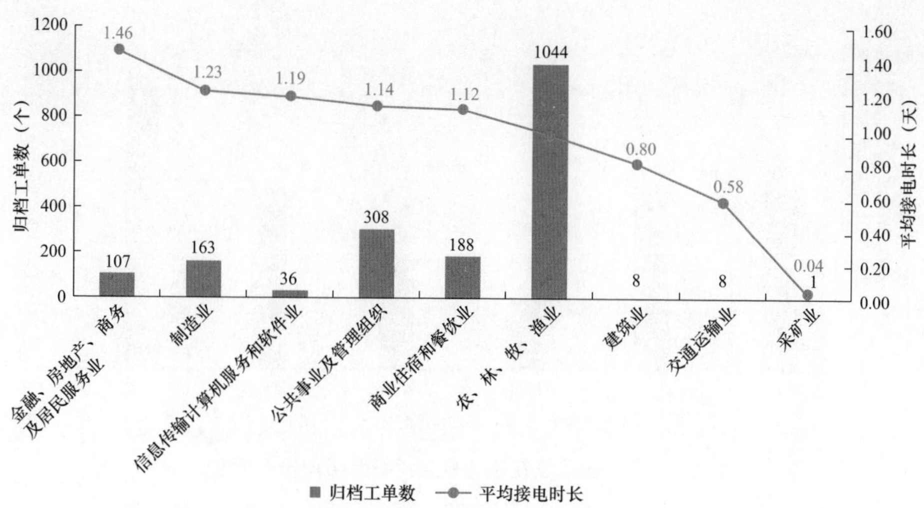

图 7-10　各行业低压非居民平均接电时长

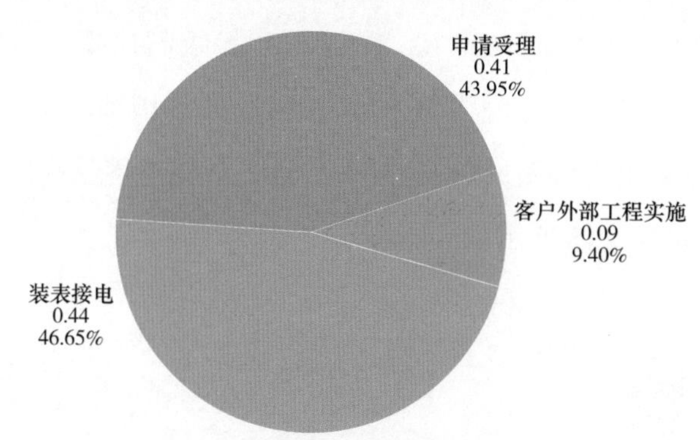

图 7-11　低压非居民各环节时长占比情况

（2）高压业扩接电时长监测。

1）总体时长监测。2019 年 1 月，×× 电力公司共计完成高压客户业扩工单 239 个，高压客户业扩平均接电时间 70.33 天，略高于 2019 年目标值（70 天）0.33 天。

按单位分析，除公司 5 和公司 6 外，其他各单位高压客户业扩报装平均接电时间均高于 2019 年目标值（70 天）。各电压等级高压客户业扩报装平均接电时长如图 7-12 所示。

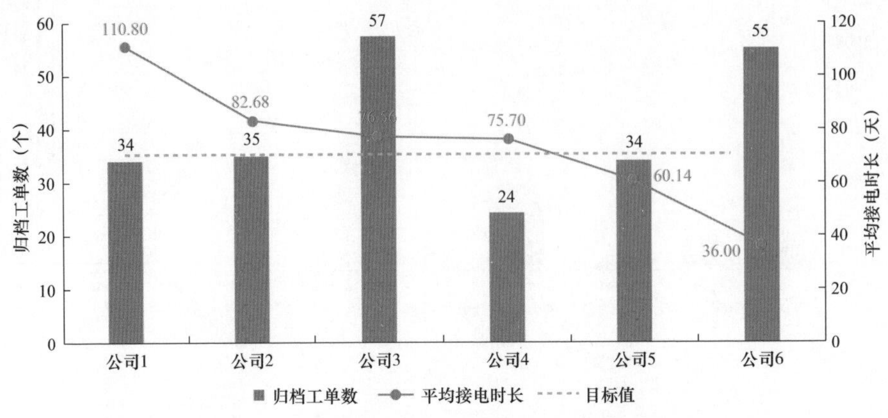

图 7-12　各单位高压客户业扩报装平均接电时长

按电压等级分析，除 35kV 电压等级外，其余电压等级高压客户平均接电时间均低于 2019 年目标值。其中，10kV 电压等级归档高压客户业扩工单最多，为 233 个，平均接电时间为 69.29 天，略低于 2019 年目标值；110kV 电压等级高压客户平均接电时间最短，为 56.96 天。各用电容量高压客户业扩报装平均接电时长如图 7-13 所示。

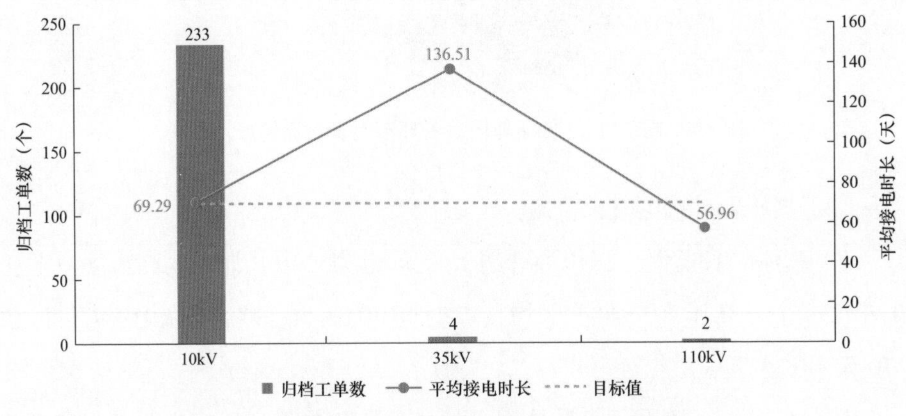

图 7-13　各电压等级高压客户业扩报装平均接电时长

按用电容量分析，100kVA 以下高压客户业扩报装平均接电时间最短，为 63.18 天；315kVA 及以上用电容量的客户，用电容量与平均接电时间呈正比，用电容量越大，平均接电时间越长。1000kVA 及以上高压客户业扩报装平均接电时间最长，为 84.53 天。各用电容量高压客户业扩报装平均接电时长如图 7-14 所示。

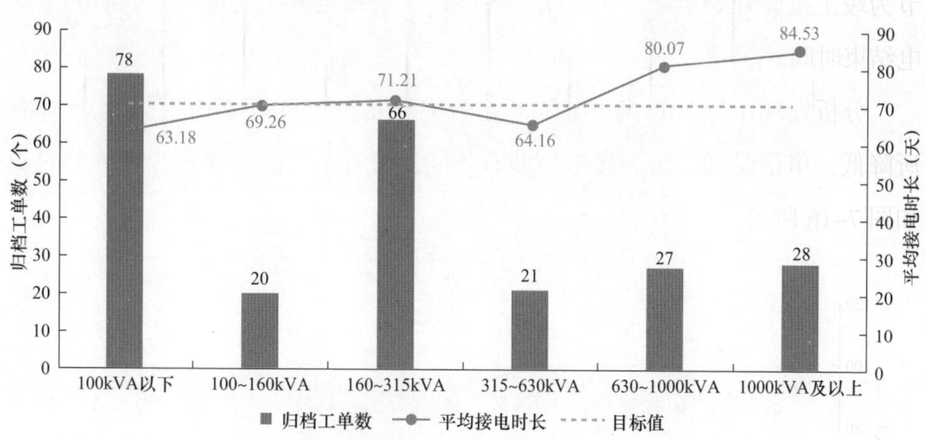

图 7-14 各用电容量高压客户业扩报装平均接电时长

按行业类别分析，交通运输业高压客户业扩报装平均接电时间最长，为 219.85 天；采矿业平均接电时间次之，为 103.80 天；制造业高压业扩工单最多，为 69 个，平均接电时间为 73.20 天。各行业类别高压客户业扩报装平均接电时长如图 7-15 所示。

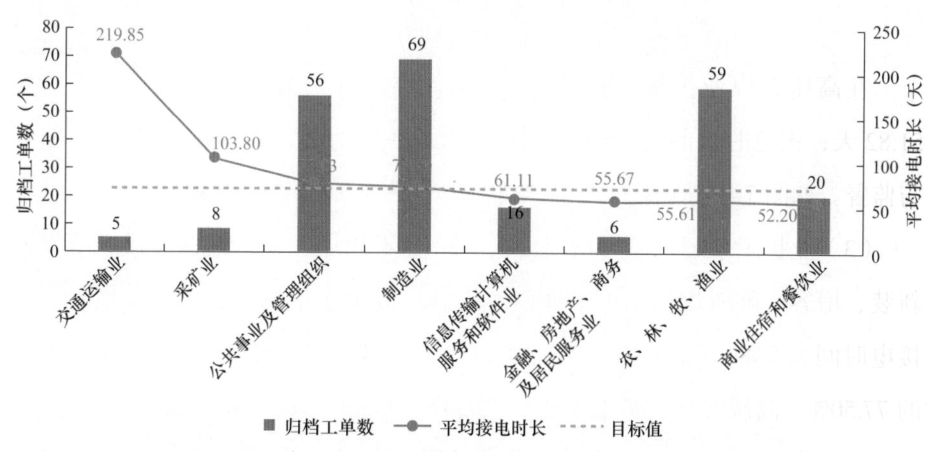

图 7-15 各行业类别高压客户业扩报装平均接电时长

2）环节时长监测。该部分主要对高压新装、增容、装表临时用电客户供电方案答复、外部工程建设、装表接电 3 个环节时长进行监测分析。其中供电方案答复时间为业务受理开始时间至方案答复结束时间；外部工程实施环节为竣工报验开始至竣工报验结束时间；装表接电环节为配表开始时间至送电结束时间。

分析发现，与 2017 年相比，供电方案答复、外部工程建设时长同比均有所降低，申请受理、装表接电环节时长同比略有上升。高压客户各环节时长如图 7–16 所示。

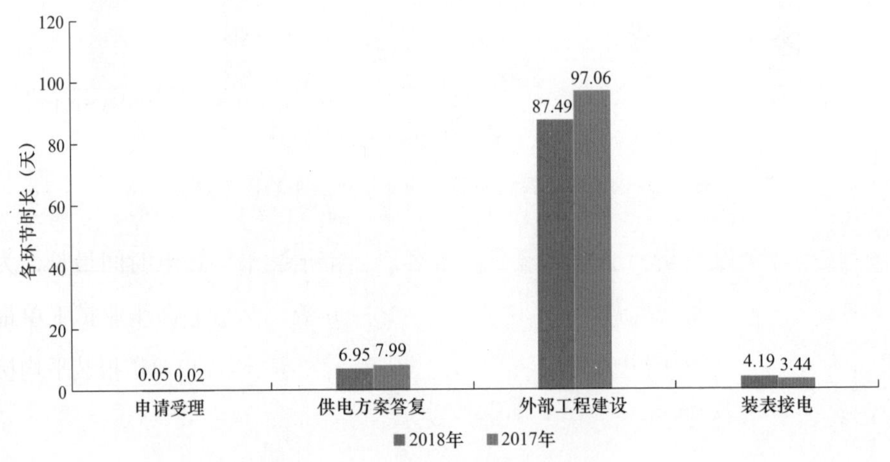

图 7–16　高压客户各环节时长

在高压客户业扩报装全环节中，客户外部工程建设用时最长，平均为 51.82 天，占总时长的近 85%，应提高主动服务意识，加强客户侧施工的辅导与监督。如图 7–17 所示。

（3）业扩工单超长原因情况分析。2018 年 9 月，× × 地区完成高压客户新装、增容、临时用电工单 130 个，其中，40 个工单高压客户业扩报装平均接电时间大于 80 天，主要是客户工程施工进展缓慢工单 31 个，占超长工单的 77.50%。高压客户业扩工单超长原因分析如图 7–18 所示。

（4）意向接电时间达成情况监测。以 2018 年 6 月份已归档高压客户新

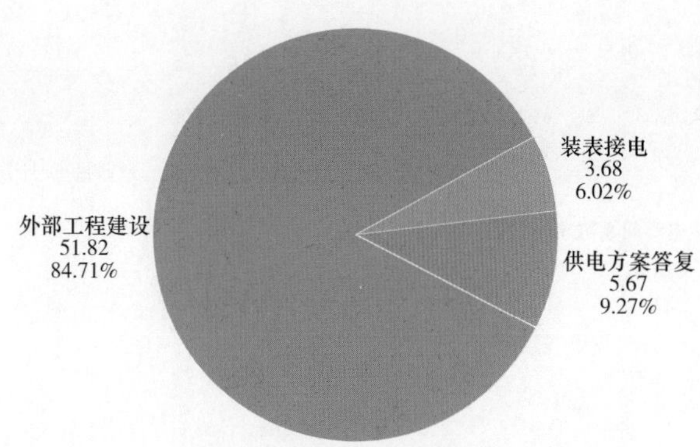

图 7–17　高压客户业扩报装各环节时长占比情况

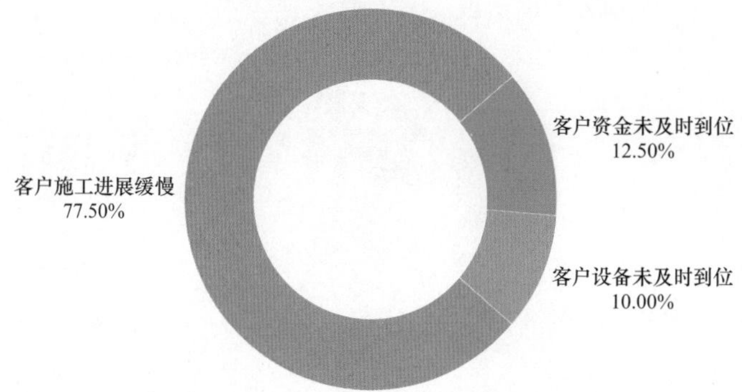

图 7–18　高压客户业扩工单超长原因分析

装、增容、临时用电工单为例，对意向接电情况进行分析。2018 年 6 月，×× 地区完成高压客户新装、增容、临时用电工单 101 个，其中，88 个工单意向接电时间未达成，均为实际接电时间晚于意向接电时间。意向接电时间达成情况如图 7–19 所示。

88 个意向接电时间未达成的工单主要原因为：验收合格后方安排送电 40 个，意向接电时间填写有误 31 个（因意向接电时间均填写为竣工报验当天，故送电时间大于客户意向接电时间），现场不具备接电条件 14 个，客户签订合同较晚导致送电较晚 2 个，客户要求推迟送电 1 个。意向接电时间未达成原因情况如图 7–20 所示。

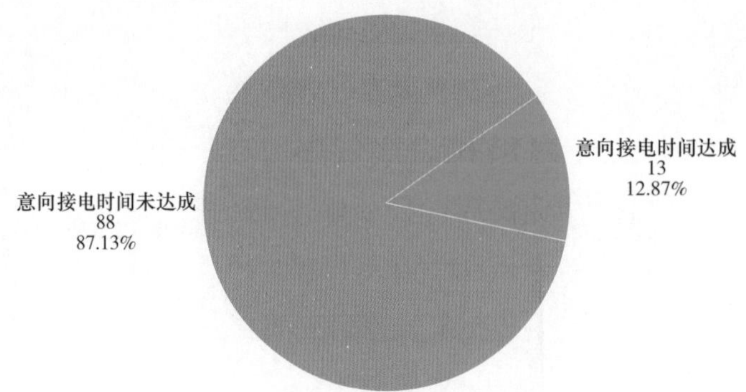

图 7-19　意向接电时间达成情况

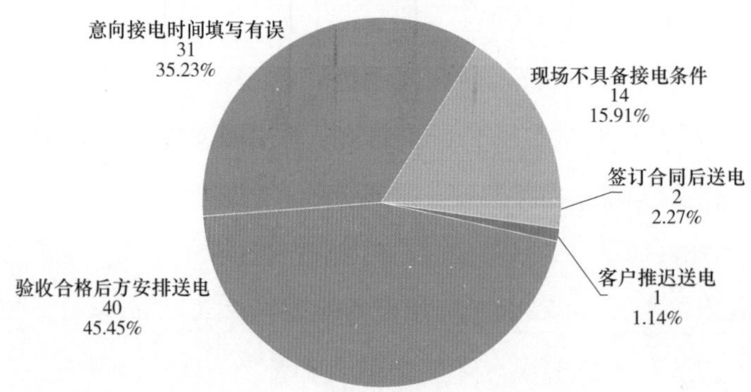

图 7-20　意向接电时间未达成原因情况

7.5.2.2　协同情况监测

（1）供电方案协同性监测。

1）协同环节执行时长。对 ×× 电力公司 10kV 及以上高压用户按单位、报装类型、电压等级 3 个维度统计分析供电方案答复环节执行时长，是否按照国家电网办〔2018〕1028 号文要求执行，即 2019 年小微企业 2 天、大中型企业（单电源）14 天、大中型企业（双电源）28 天。

通过对 ×× 电力公司 1 月 10kV 及以上高压用户报装 239 个工单的供电方案环节执行时长进行分析。供电方案答复环节平均总时长为 5.67 天，各单位均未超时。2019 年 1 月供电公司答复环节执行时长如图 7-21 所示。

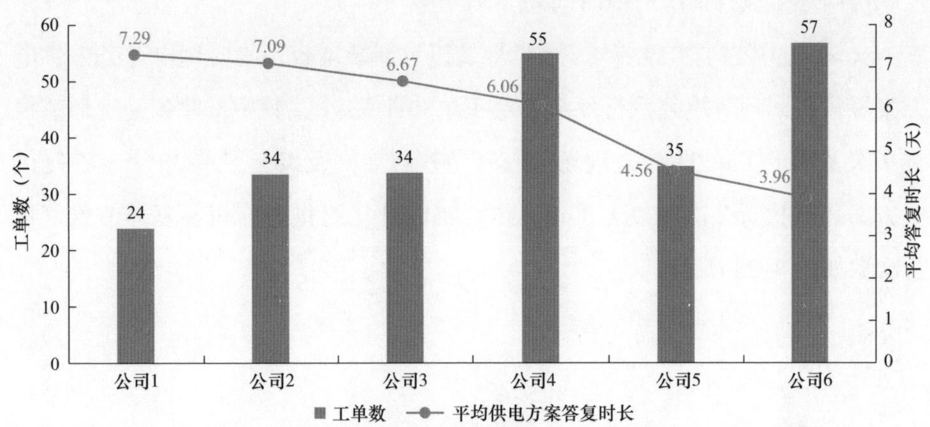

图 7-21　各个单位供电方案答复环节执行时长

10kV 平均时长为 5.58 天，35kV 平均时长为 11.27 天，110kV 平均时长为 5.09 天。平均时长最长的是 35kV 高压新装，4 个业务工单平均时长用时 11.27 天（2 个单电源、2 个双电源），其中，2 个单电源业务工单答复供电方案环节平均时长 10.44 天，2 个双电源业务工单答复供电方案环节平均时长 12.10 天，均未超时。2019 年 1 月供电公司答复环节执行时长如图 7-22 所示。

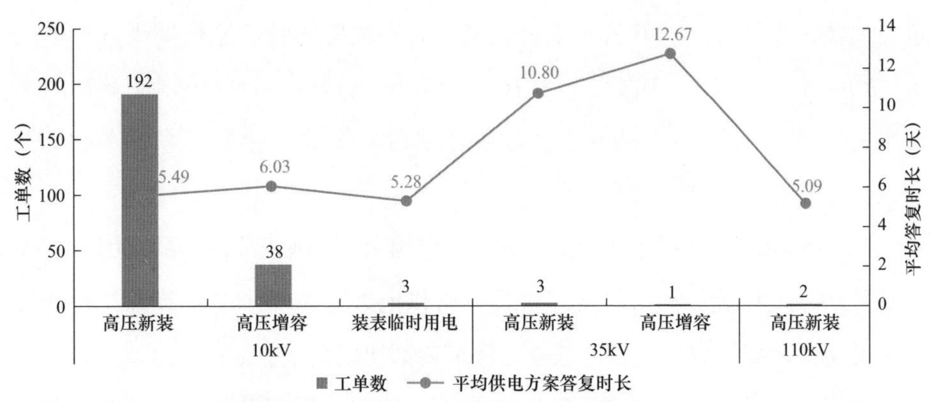

图 7-22　2019 年 1 月供电公司答复环节执行时长

2）协同环节执行次数。对 ×× 电力公司 10kV 及以上高压用户供电方案答复协同环节（业务受理、现场勘查、答复供电方案）执行次数进行监测，反映协同环节执行情况所需时间差异。

××电力公司 2019 年 1 月 10kV 及以上新装增容及临时用电业务中供电方案答复协同环节重复执行环节涉及工单共计 53 个，其中，业务受理环节执行 2 次及以上工单 31 个，现场勘查环节执行 2 次及以上工单 38 个，答复供电方案环节执行 2 次及以上工单 1 个。2019 年 1 月供电公司答复环节重复执行次数如图 7-23 所示。

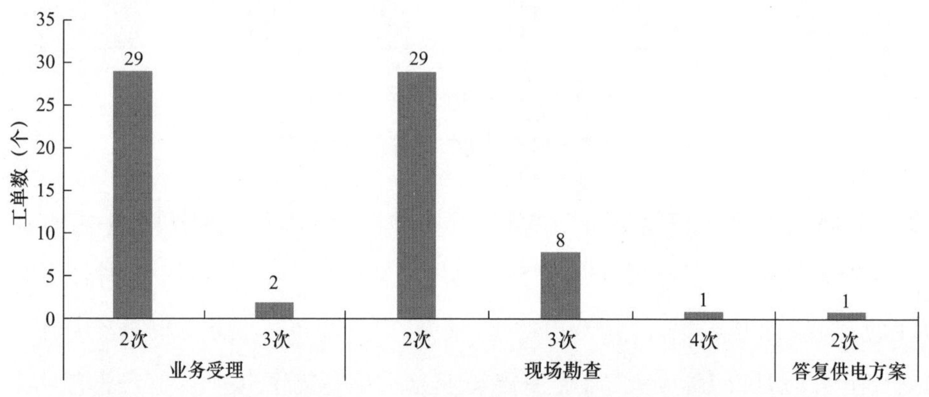

图 7-23　2019 年 1 月供电公司答复环节重复执行次数

通过对各地市公司供电方案答复协同各环节执行次数 2 次及以上的工单进行监测，发现公司 3 和公司 6 在供电方案答复协同各环节重复执行工单最多，均为 18 个；公司 4 次之，为 16 个；公司 1、公司 2 和公司 5 在该协同环节重复执行工单最少，均为 6 个。各单位供电方案答复协同各个环节执行 2 次及以上工单数如图 7-24 所示。

3）协同环节参与部门情况。对××电力公司 10kV 及以上高压用户，按报装类型、电压等级两个维度，统计分析供电方案答复协同环节参与人员部门情况与参与部门数量，以反映业务环节内部协同效率。

如表 7-7 所示，供电方案答复协同业务共涉及拟定供电方案、供电方案集中会审或会签及供电方案答复 3 个环节：① 10kV 高压用电拟定供电方案环节参与 10 个部门，对系统流程中涉及抄表班、计量班、营业班、综合业务班提出疑问；无供电方案集中会审或会签环节；供电方案答复环节参与部门为 7

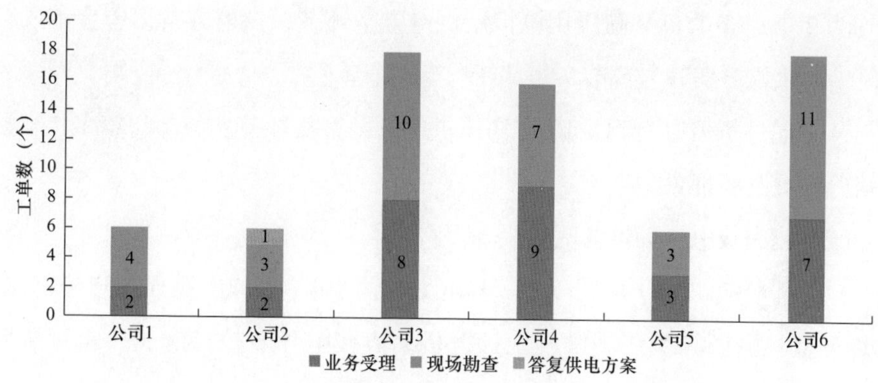

图 7-24 各单位供电方案答复协同各个环节执行 2 次及以上工单数

个，对系统流程涉及抄表班、计量班、营业班提出疑问；② 35kV 高压用电拟定供电方案环节、供电方案集中会审或会签环节、供电方案答复环节参与部

表 7-7 高电压报表分析

电压等级（kV）	拟定供电方案	供电方案集中会审或会签	答复供电方案
10	抄表班		抄表班
	大客户经理班		大客户经理班
	综合业务班		用电检查班
	计量班		计量班
	市场及大客户服务组		客户服务中心
10	营销部（客户服务中心）		营销农电综合部
	营销农电综合部		营业班
	营业班		
	营业及电费组		
	用电检查班		
35	经研院	经研院	市场及大客户服务组领导
	大客户经理班	运检部	营业班
110	经研院	供电服务中心	市场及大客户服务组领导
	营销部	营销部	营业班

门均为 2 个；③ 110kV 高压用电拟定供电方案环节、供电方案集中会审或会签环节、供电方案答复环节参与部门均为 2 个。

从上述分析可以看到，10kV 高压供电方案答复环节参与部门较多，容易造成管理混乱的现象。

（2）装表接电协同性监测。

1）协同环节执行时长。对 ×× 电力公司 10kV 及以上高压用户按单位、报装类型、电压等级三个维度统计分析装表接电环节执行时长，是否按照国家电网办〔2018〕1028 号文要求执行，即 2019 年小微企业 3 天、大中型企业（单电源）5 天、大中型企业（双电源）5 天，反映业务环节协同效率情况。

×× 电力公司 2019 年 1 月 10kV 及以上新装增容及临时用电业务工单中装表接电协同环节共计 239 个，平均时长为 3.68 天。各单位装表接电环节执行时长如图 7–25 所示。

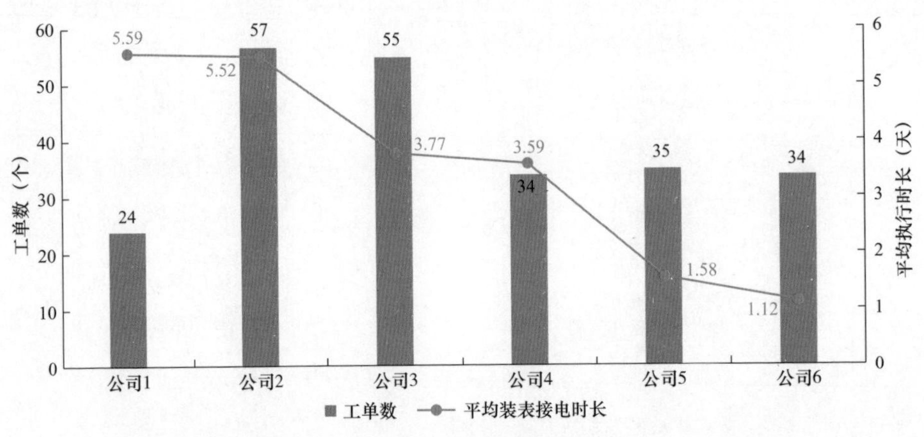

图 7–25　各单位装表接电环节执行时长

35kV 高压增容 1 个工单超时 0.13 天，主要因为客户签订合同时间较晚，导致装表接电时间超时，其余维度均未发现超时现象。2019 年 1 月装表接电协同环节执行时长如图 7–26 所示。

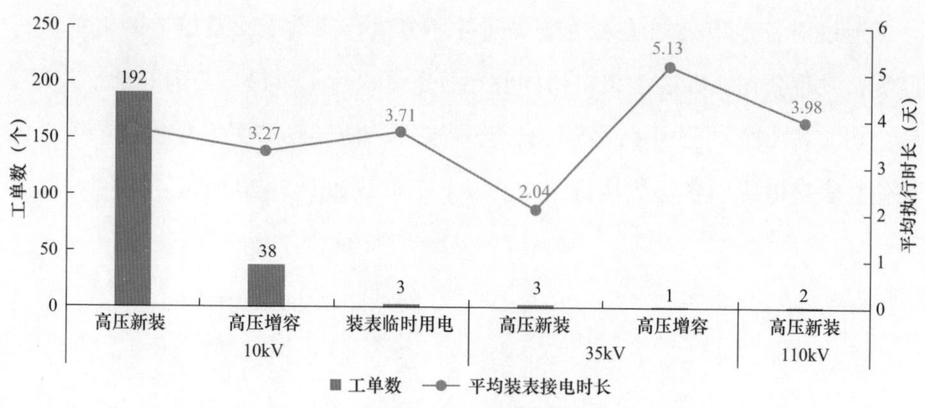

图 7-26　2019 年 1 月装表接电协同环节执行时长

2）协同环节执行次数。对 ×× 电力公司 10kV 及以上高压用户装表接电协同环节（配表、设备出库、安装派工、装表、送电）执行次数进行监测，反映协同环节执行情况所需时间差异。监测发现，在装表接电协同各环节重复执行的工单所需装表接电平均时间为 4.06 天，超过一次性执行完毕的装表接电工单平均时间 0.39 天。

×× 电力公司 2019 年 1 月 10kV 及以上新装增容及临时用电业务中供电方案答复协同环节重复执行环节涉及工单共计 5 个，其中，配表环节执行 2 次及以上工单 3 个，设备出库环节执行 2 次及以上工单 1 个，安装派工环节执行 2 次及以上工单 1 个，装表环节执行 2 次及以上工单 3 个，送电环节无重复执行工单。2019 年 1 月 ×× 电力公司装表接电协同环节重复执行次数如图 7-27 所示。

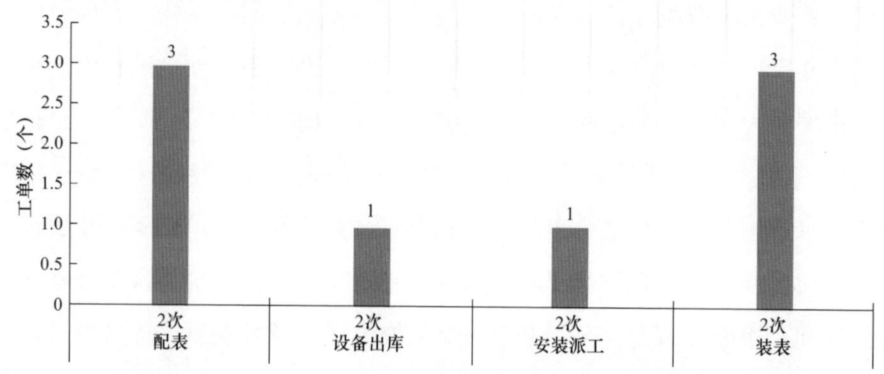

图 7-27　2019 年 1 月 ×× 电力公司装表接电协同环节重复执行次数

通过对各地市公司装表接电协同各环节执行次数2次及以上的工单进行监测，发现公司3在装表接电协同各环节重复执行工单最多，为6个；公司2和公司6各1个；公司1、公司4、公司5在该协同环节无重复执行工单。各单位装表接电协同各环节执行2次及以上工单数如图7-28所示。

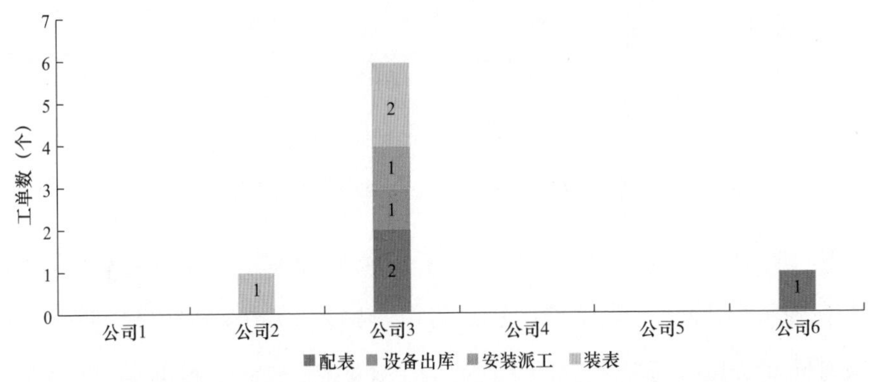

图7-28　各单位装表接电协同各环节执行2次及以上工单数

3）协同环节参与部门情况。对××电力公司10kV及以上高压用户按报装类型、电压等级两个维度，统计分析装表接电协同环节参与人员部门情况与参与部门数量，以反映业务环节内部协同效率。

如表7-8所示，装表接电协同业务共涉及配表、设备出库、安装派工、装表及送电5个环节：① 10kV高压用电配表环节参与10个部门，对系统流程中涉及营业班、综合业务班、装表接电班、用电检查班、市场及大客户服务组、营业及电费组和营销农电综合部等部门提出疑问；设备出库环节参与部门为9个，对系统流程涉及营业班、综合业务班、装表接电班、用电检查班、市场及大客户服务组和营销农电综合部等部门提出疑问；安装派工环节参与部门10个，对系统流程涉及营业班、综合业务班、装表接电班、用电检查班、市场及大客户服务组和营销农电综合部等部门提出疑问；装表环节参与部门为9个，对系统流程涉及用电检查班、综合业务班、营业班等部门提出疑问；送电环节参与部门9个，对系统流程涉及抄表班、计量班、营业班等部门提出疑问；② 35kV高压用电配表环节参与3个部门，对系统流程

表 7-8　接电协同环节参与人员部门情况与参与部门数量

电压等级（kV）	业务类型	配表	设备出库	安装派工	装表	送电
10	高压新装	计量班	计量班	采集运维班	采集运维班	抄表班
		检测检验班	检测检验班	计量班	计量班	大客户经理班
		客户服务中心管理人员	客户服务中心管理人员	检测检验班	客户服务中心管理人员	计量班
		市场及大客户服务组	市场及大客户服务组	客户服务中心管理人员	市场及大客户服务组	客户服务中心管理人员
		营销农电综合部	营销农电综合部	市场及大客户服务组	营销农电综合部	市场及大客户服务组
		营业班	营业班	营销农电综合部	营业班	营销农电综合部
		营业及电费组	用电检查班	营业班	用电检查班	营业班
		用电检查班	装表接电班	用电检查班	装表接电班	用电检查班
		装表接电班	综合业务班	装表接电班	综合业务班	装表接电班
		综合业务班		综合业务班		
35	高压新装	检测检验班	计量资产班	计量资产班	计量资产班	大客户经理班
		用电检查班	检测检验班	装表接电班	装表接电班	市场及大客户服务组
		装表接电班	装表接电班			
110	高压新装	装表接电班	装表接电班	采集运维班	采集运维班	市场及大客户服务组领导
				装表接电班	装表接电班	装表接电班

中涉及装表接电班提出疑问；设备出库环节参与部门为 2 个，对系统流程涉及部门装表接电班提出疑问；安装派工、装表和送电环节参与部门均为 2 个；③ 110kV 高压用电配表环节参与 1 个部门，对系统流程中涉及部门装表接电班提出疑问；设备出库参与部门 1 个，对系统流程中所涉及部门装表接电班提出疑问；安装派工、装表和送电环节参与部门均为 2 个。

7.5.2.3 业扩受限监测

2018 年 ×× 地区在途业扩工单共计 257 户，涉及容量 69.86 万 kVA。其中，新装 195 户、容量 66.60 万 kVA；增容 34 户、容量 2.82 万 kVA；减容 20 户、0.35 万 kVA；销户 8 户、容量 0.091kVA。2018 年业扩在途工单概览如图 7-29 所示。

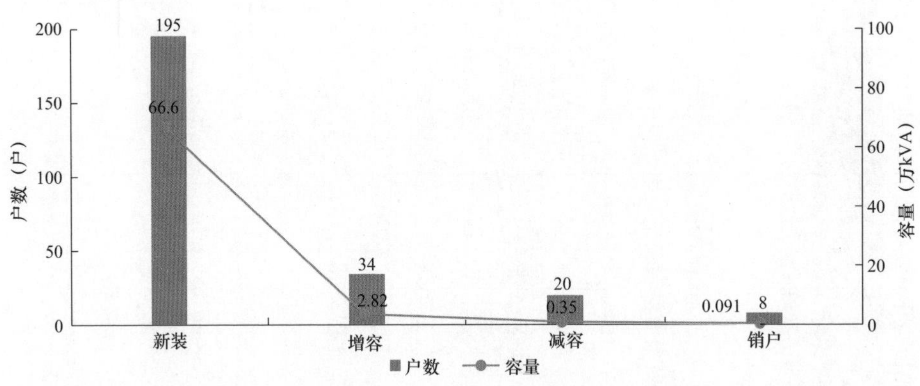

图 7-29 2018 年业扩在途工单概览

（1）业扩新增容量分布监测。

1）新装用户分析。2018 年 ×× 地区在途业扩工单新装 195 户、容量 66.60 万 kVA。其中公司 1 新装户数、新装容量均最大，分别为 90 户、56.470 万 kVA；公司 7 新装户数最小，为 4 户；公司 5 新装容量最小，为 0.10kVA。新装用户按单位分布如图 7-30 所示。

2）增容用户分析。2018 年 ×× 地区在途业扩工单增容 34 户、容量 2.82 万 kVA。其中公司 1 增容户数、增容容量均最大，分别为 12 户、1.52 万 kVA；公司 6 增容户数最小，为 2 户；公司 5 增容容量最小，为 0.004 万

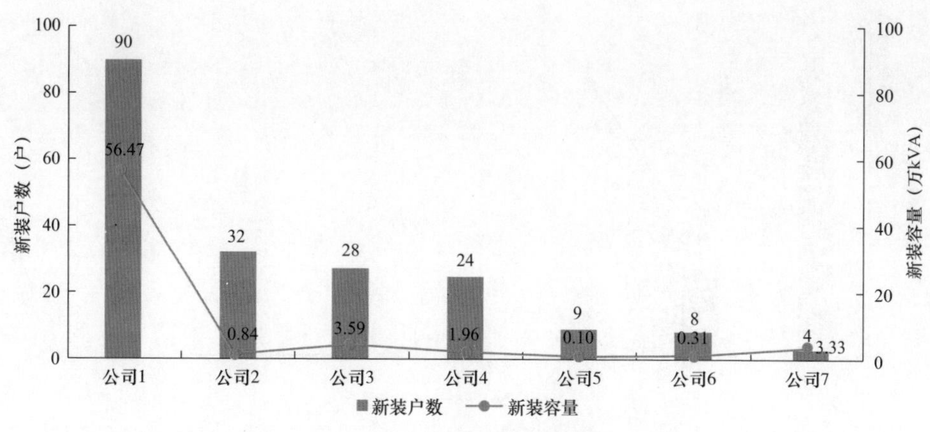

图 7-30　新装用户按单位分布

kVA；公司 7 无增容用户。增容用户按单位分布情况如图 7-31 所示。

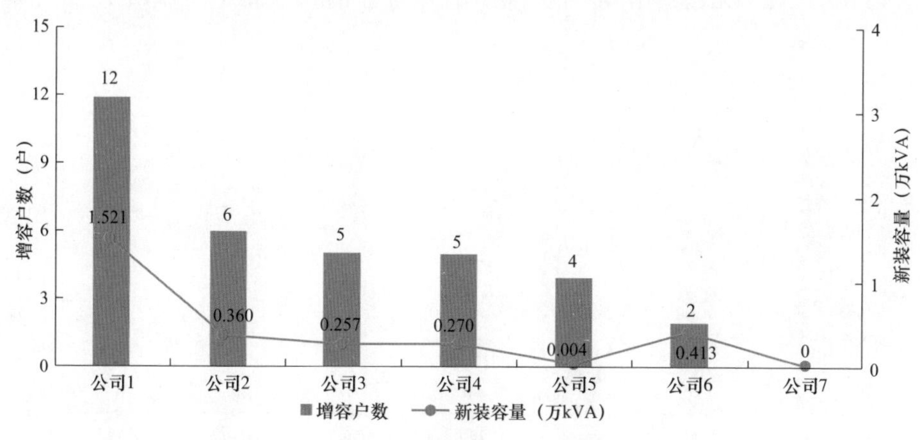

图 7-31　增容用户按单位分布情况

3）减容用户分析。2018 年 ×× 地区在途业扩工单减容 8 户、容量 0.35 万 kVA。其中公司 1 减容户数最大，为 12 户；公司 3 减容容量最大，为 0.1445 万 kVA；公司 4 销户户数、容量均最小，分别为 1 户、0.005kVA；公司 5、公司 6、公司 7 分中心无减容用户。减容用户按单位分布情况如图 7-32 所示。

4）销户用户分析。2018 年 ×× 地区在途业扩工单销户 8 户、容量 0.091 万 kVA，其中，公司 1 销户户数最大，为 4 户；公司 2 销户容量最大，为 0.083kVA；

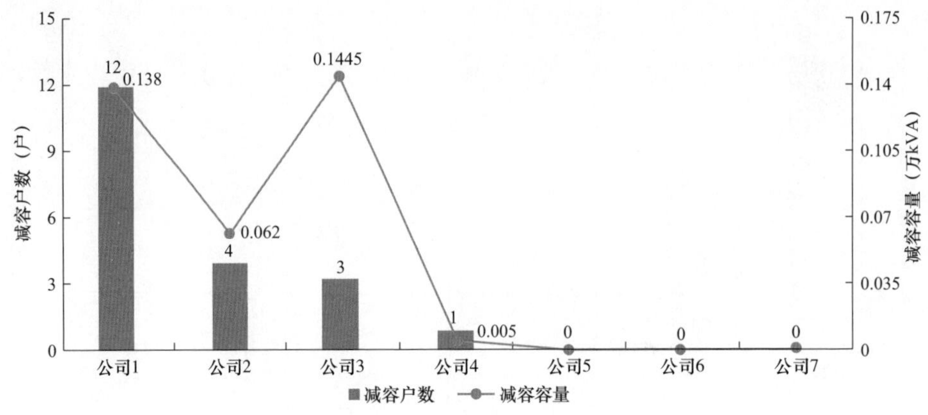

图 7–32　减容用户按单位分布情况

公司 3 销户户数、容量均最小，分别为 1 户、0.0003kVA；公司 4、公司 5、公司 6、公司 7 无销户用户。销户用户按单位分布情况如图 7–33 所示。

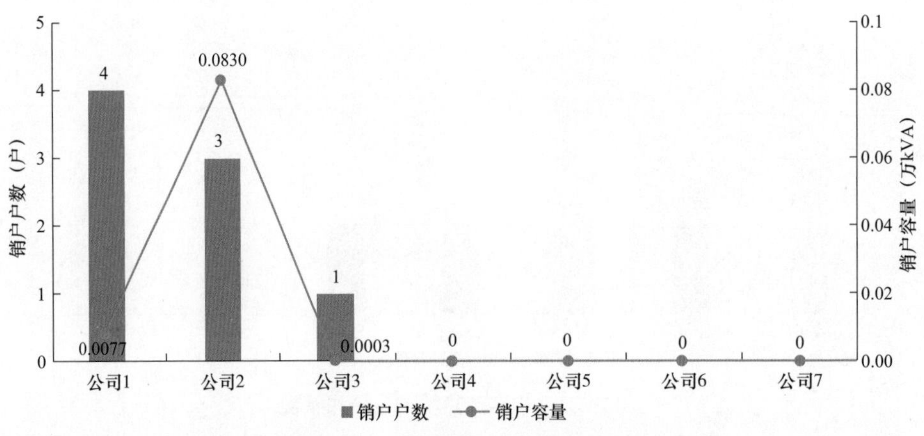

图 7–33　销户用户按单位分布情况

（2）配电变压器可开放容量监测。2018 年，×× 地区共计公用变压器台区 8319 个，容量 372.63 万 kVA。目前 ×× 地区公用变压器台区负载率为 25.02%，可接入容量总裕度（负载率＜ 80%）为 204.41 万 kVA。其中公司 1 台区可接入容量最大，为 64.17 万 kVA；公司 5 负载率最大，为 45.55%；公司 7 台区可接入容量、负载率均最小，分别为 3.87 万 kVA、10.08%。配电变压器开放容量分布情况如图 7–34 所示。

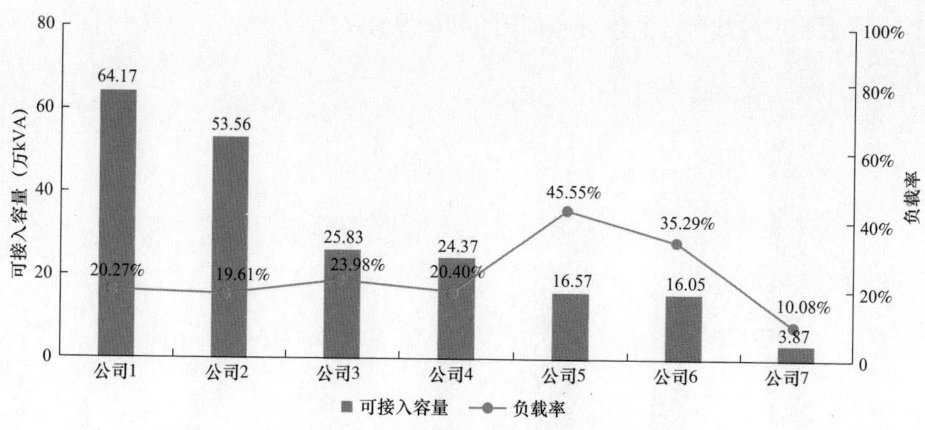

图 7-34　配电变压器开放容量分布情况

（3）配电变压器重过载监测。

1）线路重过载分布情况。2018 年 ×× 地区重过载线路共计 13 条。配电网室数量最多，为 6 条；公司 4 和公司 5 最少，均为 1 条，目前 10 条重载线路已调整运行方式整改，3 条重载线路列入储备计划。重过载线路数量分布情况如图 7-35 所示。

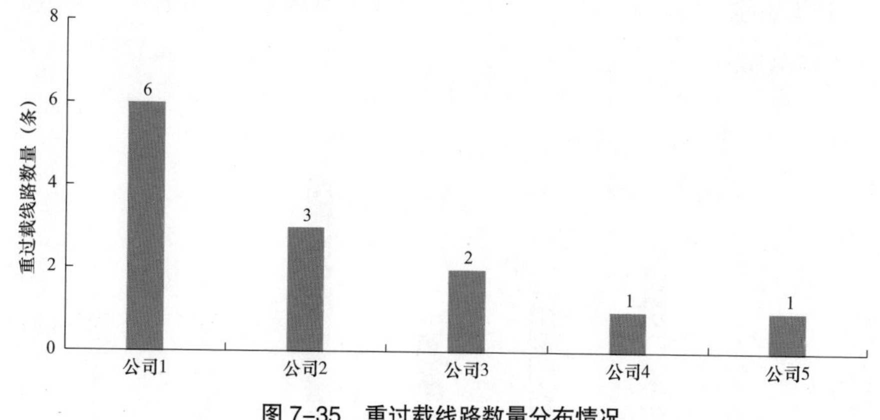

图 7-35　重过载线路数量分布情况

2）配电变压器重过载分布情况。2018 年 ×× 地区重过载台区共计 108 个。其中，公司 1 重过载台区数量最多，为 38 台；公司 7 重过载台区数量最少，为 1 个。2018 年低压新装用户在途工单共计 15 户，接入台区容量裕度均符合需求。重过载台区数量分布如图 7-36 所示。

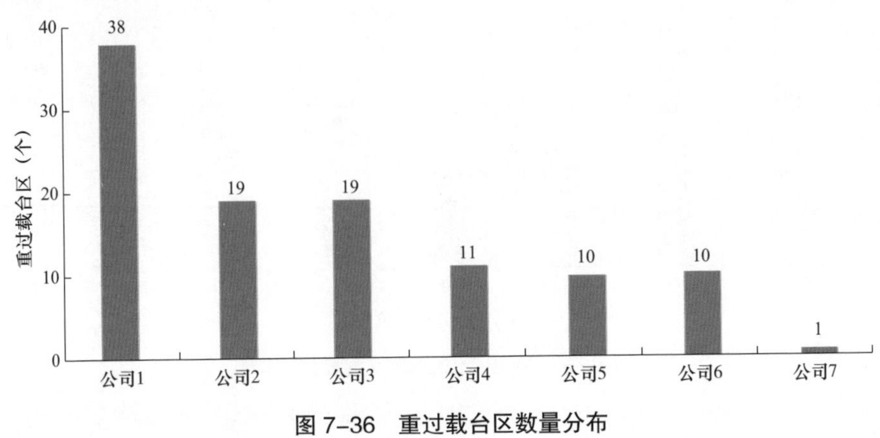

图 7-36　重过载台区数量分布

7.5.2.4　非正常流转业务

（1）非正常流转环节监测。2018 年，×× 地区完成高压、低压新装增容及临时用电业扩报装工单 6065 个，终止 764 个，占完成总工单数的 12.60%。

按单位分析，公司 4 工单终止率最高，为 21.07%；公司 1 和公司 6 次之，分别为 18.82%、14.92%；公司 5 工单终止率最低，为 6.22%。各单位终止工单情况如图 7-37 所示。

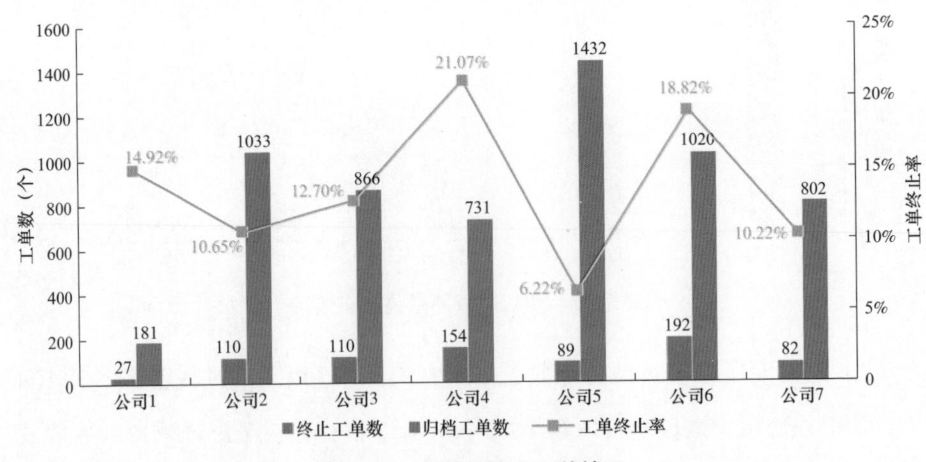

图 7-37　各单位终止工单情况

按报装类型分析，高压新装流程终止工单最多，为448个，占比58.64%；高压增容流程终止工单次之，为155个，占比20.29%。各类型终止工单情况如图7-38所示。

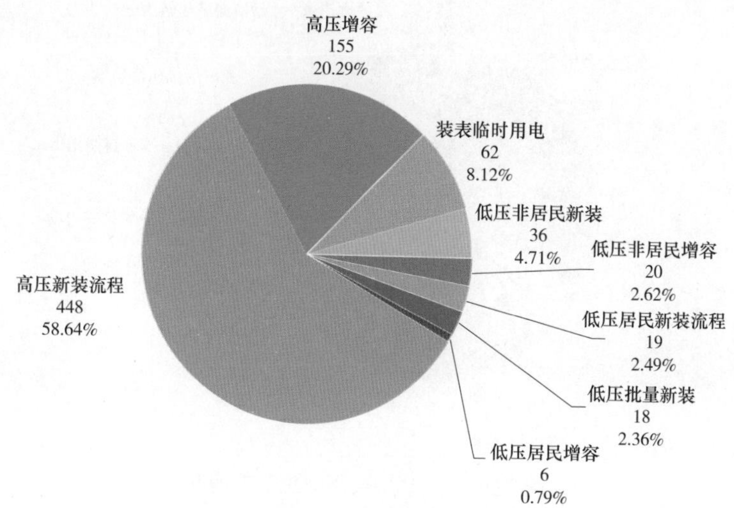

图7-38　各类型终止工单情况

按电压等级分析，10kV终止工单最多，为652个，占比85.34%；220V次之，为60个，占比7.85%。各电压等级终止工单情况如图7-39所示。

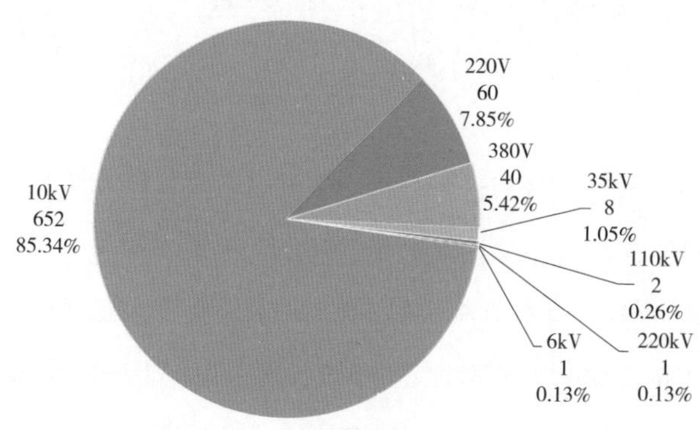

图7-39　各电压等级终止工单情况

按用电类别分析，非居民照明用电终止工单最多，为187个，占比

24.48%；非工业用电次之，为 136 个，占比 17.80%；大工业用电终止工单 133 个，占比 17.41%。各用电类别终止工单情况如图 7–40 所示。

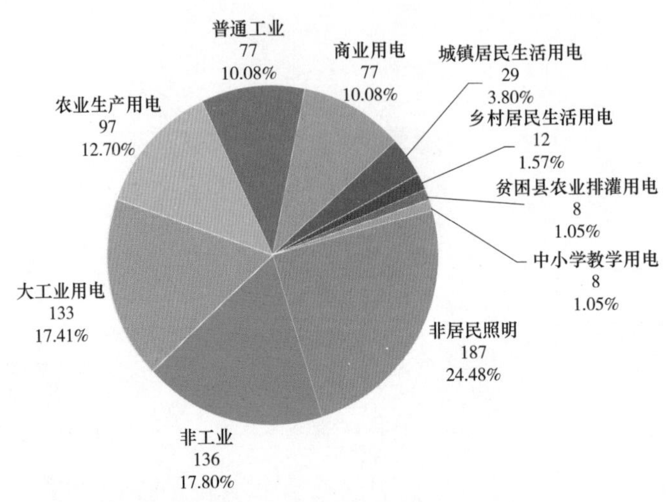

图 7–40　各用电类型终止工单情况

从终止工单所处环节分析，竣工报验环节终止最多，为 354 个，占比 46.34%；客户空间位置及拓扑关系维护 132 个，占比 17.28%；设计文件受理终止工单 63 个，占比 8.25%。勘查装表送电、批量配表、业务受理、复核、竣工检验、可研编制、拟定供电方案、装表、归档、批量装表、设备出库、现场勘查、装表送电等环节终止工单均不超过 3 个。终止环节占比情况如图 7–41 所示。

进一步对占比较高的环节进行分析，发现竣工报验环节终止工单最多的为公司 4，客户空间位置及拓扑关系维护环节终止工单最多的为公司 6，设计文件受理环节终止工单最多的为公司 6，勘查派工环节终止工单最多的为公司 4，签订合同环节终止工单最多的为公司 6。各单位各环节终止工单情况如图 7–42 所示。

（2）非正常流转原因监测。2018 年，× × 地区 764 个终止工单中，因客户用电需求变化终止的有 222 个，占终止工单总量的 29.10%；因用户不再办理终止的工单 128 个，占比 16.75%。终止工单原因占比如图 7–43 所示。

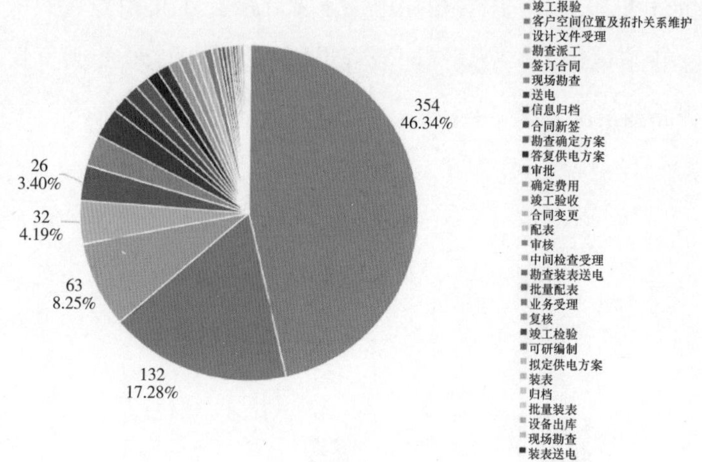

图 7–41　终止环节占比情况

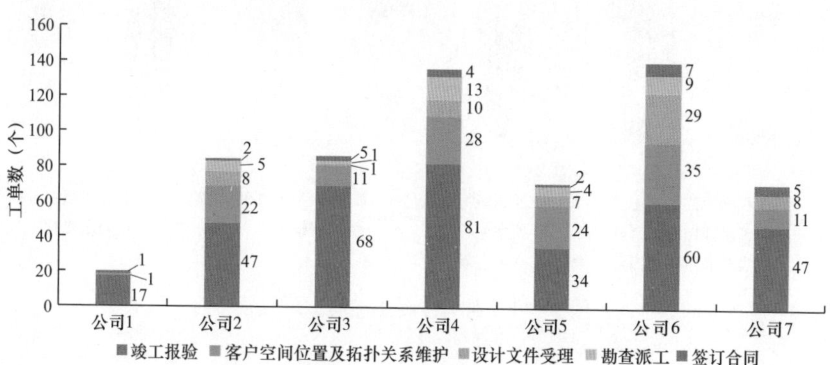

图 7–42　各单位各环节终止工单情况

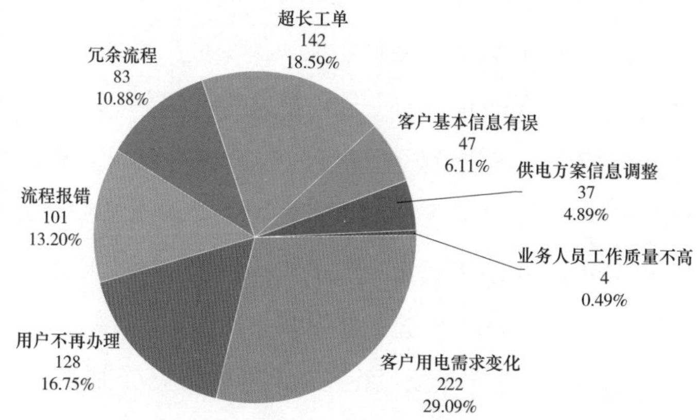

图 7–43　终止工单原因占比

按单位分析，公司2因客户用电需求变化终止工单最多，公司6因用户不再办理终止工单最多，公司7因流程报错、流程冗余终止工单较多。各单位终止流程原因情况如图7–44所示。

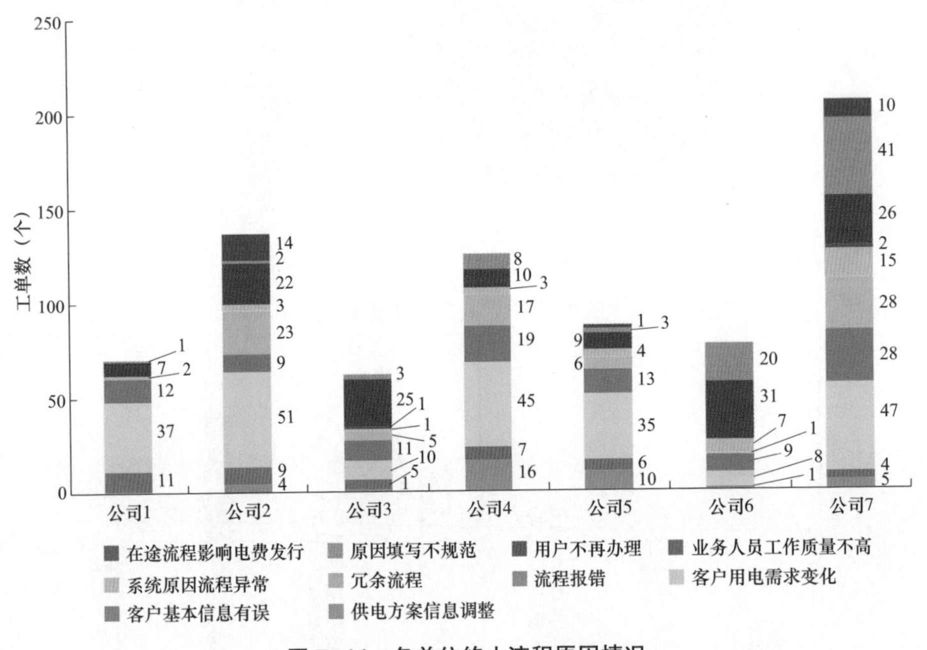

图7–44　各单位终止流程原因情况

（3）短期重复报装率监测。

1）终止原因分析。对营销业务应用系统中新装、增容、装表临时用电工单终止后短期内（3个月），用户名称、地址重复再次申请的情况进行分析，发现2018年××地区在终止后3个月内重复提起申请工单263个。其中，因工单超长终止142个，占比最高，为53.99%；因客户用电需求变化终止工单次之，占比44.11%；供电方案信息调整终止工单占比1.90%。短期重复报装工单终止原因分析如图7–45所示。

2）客户重复报装原因分析。进一步对终止原因进行详细分析，对比客户用电类别、用电容量等，客户重复报装具体原因如图7–46所示。

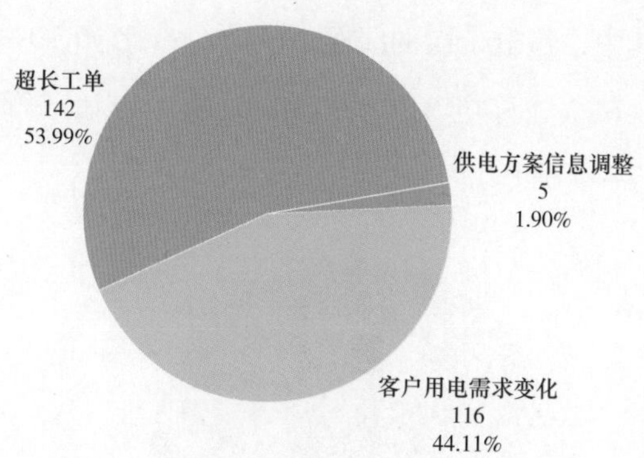

图 7-45 短期重复报装工单终止原因分析

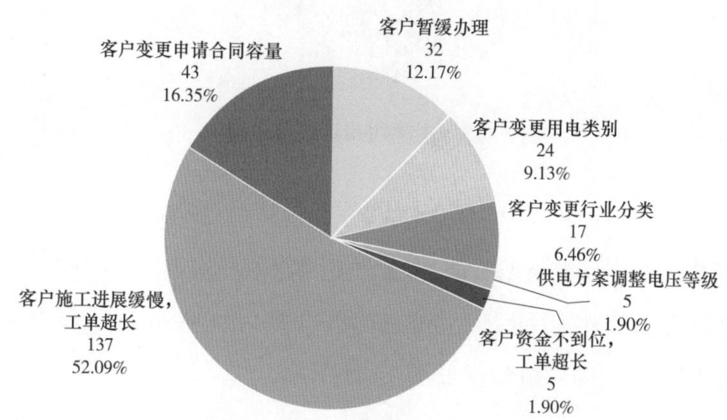

图 7-46 客户重复报装原因分析

其中，因客户施工进展缓慢导致工单时间超长 137 个，占比最大为 52.09%；客户变更申请合同容量次之，占比 16.35%；客户暂缓办理占比 12.17%；客户变更用电类别占比 9.13%。监测发现，利用工单终止来规避工单超长占短期内重复报装工单的 53.99%，应重点关注。

7.5.3 供电可靠性与电费透明度监测

7.5.3.1 客户停电监测

（1）主网停电监测。

1）计划停电监测。2018 年 ×× 地区主网线路计划停电共计 391 次，涉及线路 310 条。其中，停电 1 次的线路 239 条，占比 77.10%；停电 2 次的线路 61 条，占比 19.68%，停电 3 次的线路 10 条，占比 3.23%。主网线路计划停电情况如图 7–47 所示。

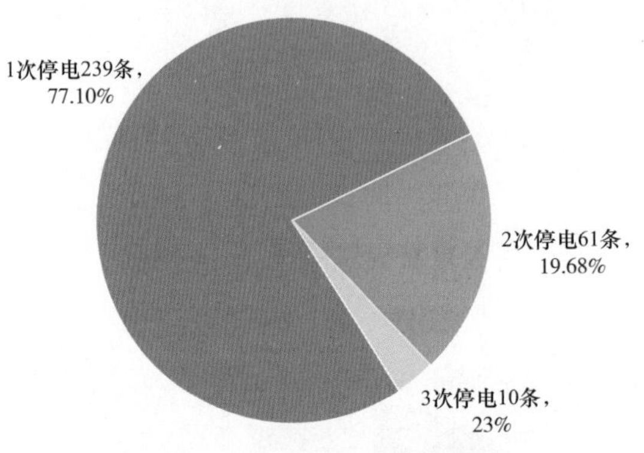

图 7–47　主网线路计划停电情况

2）故障停电监测。2018 年，主网线路故障停电共计 123 次，涉及线路 83 条，其中 1 次故障停电线路 51 条，占比 61.45%；2 次故障线路 26 条，占比 31.33%；3 次故障线路 4 条，占比 4.82%；4 次故障线路 2 条，占比 2.41%。主网线路故障停电情况如图 7–48 所示。

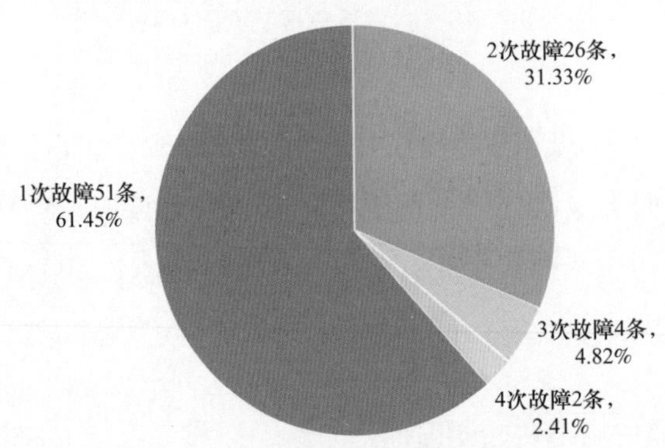

图 7–48　主网线路故障停电情况

进一步对线路故障原因分析，其中：外力破坏 34 次，占比 27.64%；鸟害 28 次，占比 22.76%；电缆（头）故障 25 次，占比 20.33%；设备故障

18 次，占比 14.63%；恶劣天气 13 次，占比 10.57%；其他原因 5 次，占比 4.07%。外力破坏、鸟害、电缆（头）故障是引起主网线路故障的主要原因。主网线路故障原因分布如图 7–49 所示。

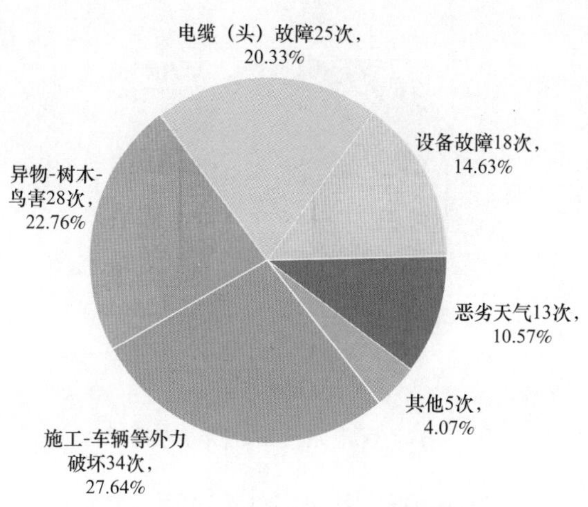

图 7–49　主网线路故障原因分布

（2）配电网停电监测。

1）计划停电监测。2018 年 ×× 地区配电网支线计划停电共计 1198 次，涉及支线 1150 条。其中，停电 1 次的支线 1114 条，占比 96.87%；停电 2 次的支线 28 条，占比 2.43%；停电 3 次的支线 4 条，占比 0.35%；停电 4 次的支线 4 条，占比 0.35%。配电网支线计划停电情况如图 7–50 所示。

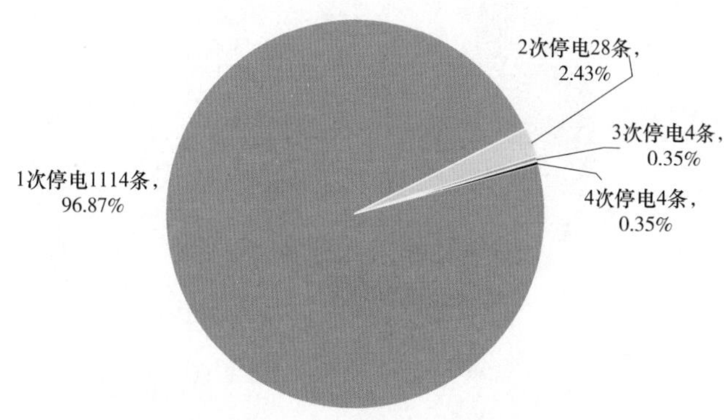

图 7–50　配电网线路计划停电情况

2）故障停电监测。2018 年，配电网支线故障停电共计 362 次，涉及支线 278 条。其中，1 次故障停电支线 210 条，占比 75.54%；2 次故障支线 57 条，占比 20.50%；3 次故障支线 6 条，占比 2.16%；4 次故障支线 5 条，占比 1.80%。配电网支线故障停电情况如图 7-51 所示。

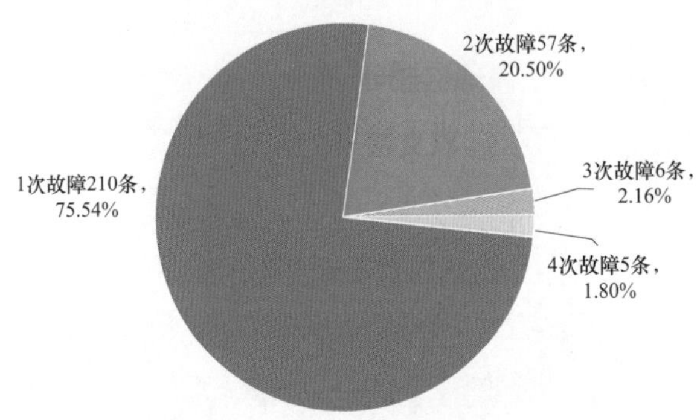

图 7-51　配电网线路故障停电情况

进一步对线路故障原因分析，其中，外力破坏 115 次，占比 31.77%；设备故障 101 次，占比 27.90%；电缆（头）故障 69 次，占比 19.06%；鸟害 43 次，占比 11.88%；恶劣天气 18 次，占比 4.97%；短路接地 10 次，占比 2.76%；其他原因 6 次，占比 1.66%。外力破坏、设备故障、电缆（头）故障、鸟害是引起配电网支线故障的主要原因。配电网支线故障原因分布如图 7-52 所示。

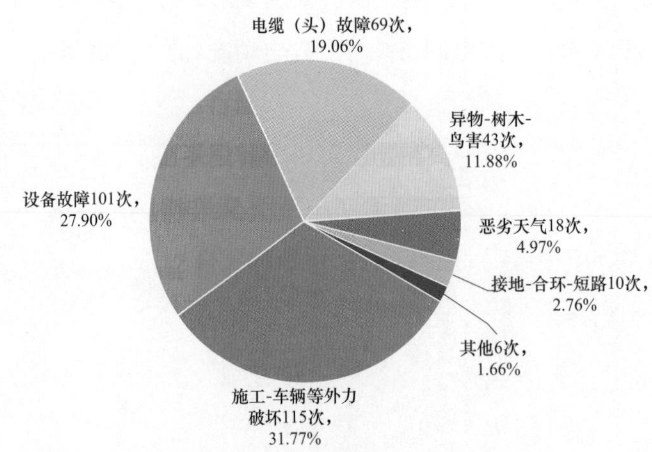

图 7-52　配电网线路故障原因分布

（3）台区停电监测。2018 年，监测发现停电台区 3401 个，停电次数 6981 次，台区平均停电时长 5.78h，月户均停电时长 16.01min。发生 1 次停电事件的台区 1646 个，占比 48.40%；2 次停电事件的台区 831 个，占比 24.43%；3 次停电事件的台区 470 个，占比 13.82%；4 次停电事件的台区 214 个，占比 6.29%；5 次停电事件的台区 113 个，占比 3.32%；6 次及以上停电事件的台区 127 个，占比 3.73%。台区停电数量情况如图 7–53 所示。

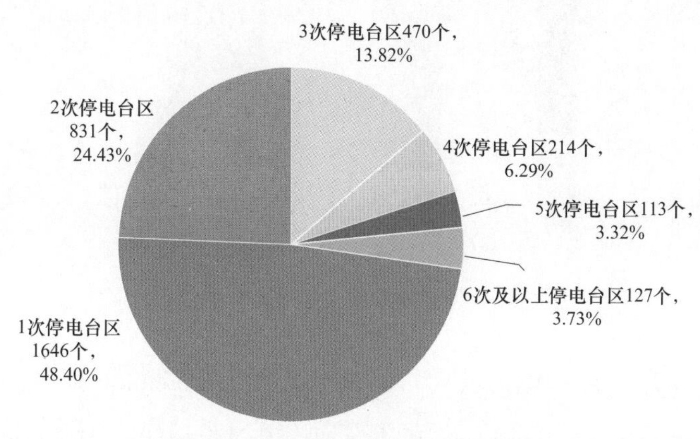

图 7–53　台区停电数量情况

按照连续两个月发生 3 次停电事件为停电投诉预警值进行监测分析，发现频繁停电台区共计 361 个，按月度分布如图 7–54 所示。

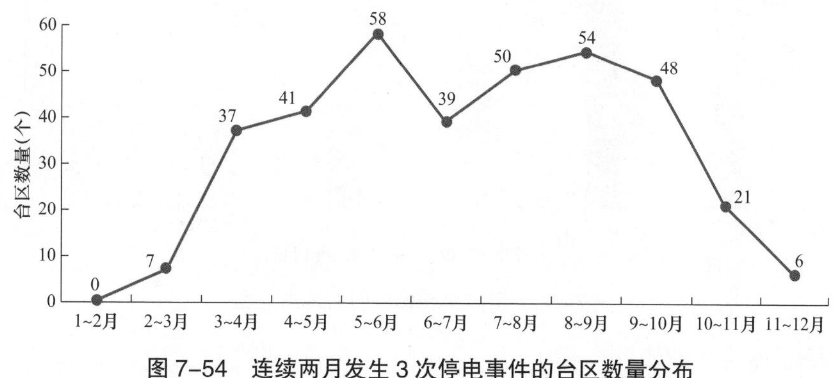

图 7–54　连续两月发生 3 次停电事件的台区数量分布

（4）用户停电监测。2019 年 1 月，监测发现 ×× 电力公司停电用户数共计 95632 户，占 ×× 电力公司用户总量的 2.5%。其中，公司 5 停电用户数量相对占比（在各自地市公司用户总数中的占比）最高，为 7.56%；公司 6 最低，为 1.46%。停电用户数量按地市分布情况如图 7–55 所示。

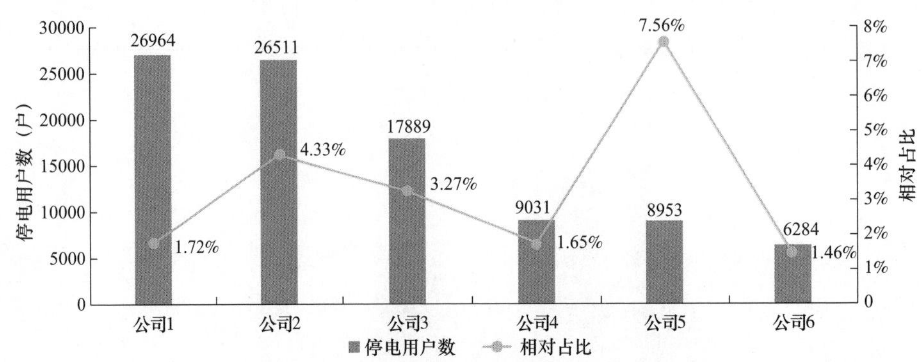

图 7–55　停电用户数量按地市分布情况

2019 年 1 月，×× 电力公司户均停电时长为 8.53min。其中，公司户均停电时长最长，为 21.19min；公司 4 户均停电时长最短，为 4.11min；公司 2、公司 5 和公司 3 户均停电时长均大于 ×× 电力公司平均值。用户平均停电时长按地市分布情况如图 7–56 所示。

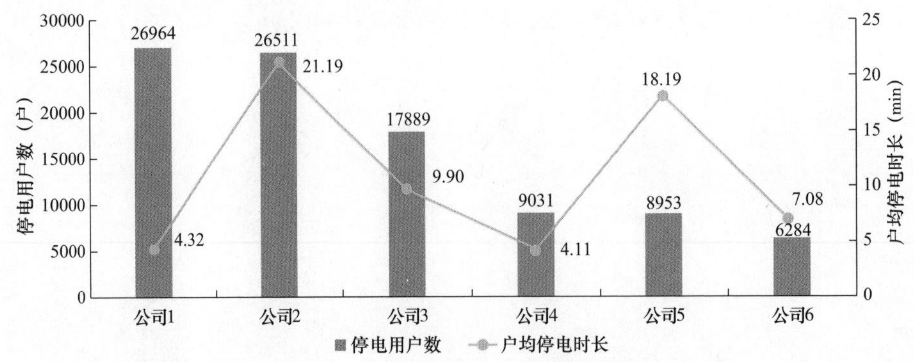

图 7–56　用户平均停电时长地市分布

7.5.3.2　带电作业监测

（1）带电作业覆盖情况监测。2019 年 1 月，×× 电力公司配电网共计开展 1160 项带电作业，实现 ×× 地区全覆盖。其中公司 1 开展次数最多，为 579 次，占比 49.91%；公司 6 开展次数最少，为 15 次，占比 1.29%。配电网带电作业概况如图 7–57 所示。

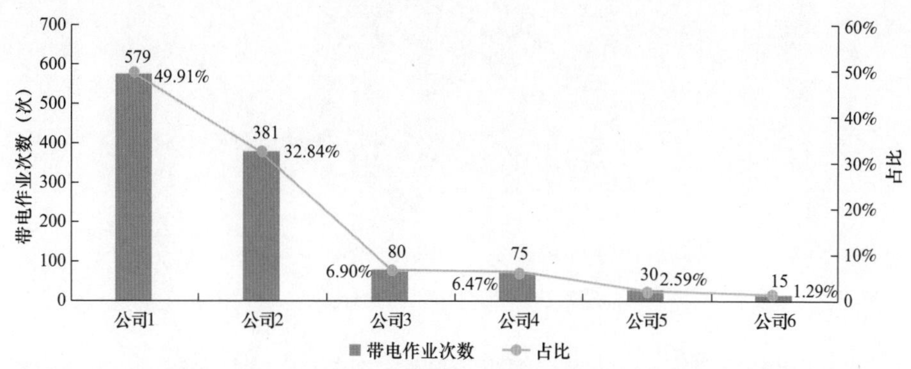

图 7–57　配电网带电作业概况

（2）带电作业时长监测。2019 年 1 月，×× 地区带电作业累计时长 1904h。其中，公司 1 带电作业累计时长最长，为 653.9h；公司 6 带电作业累计时长最短，为 73.6h；公司 3 单次作业平均时长最长，为 4.51h；公司 1 单次作业平均时长最短，为 1.13h。带电作业时长按地市分布情况如图 7–58 所示。

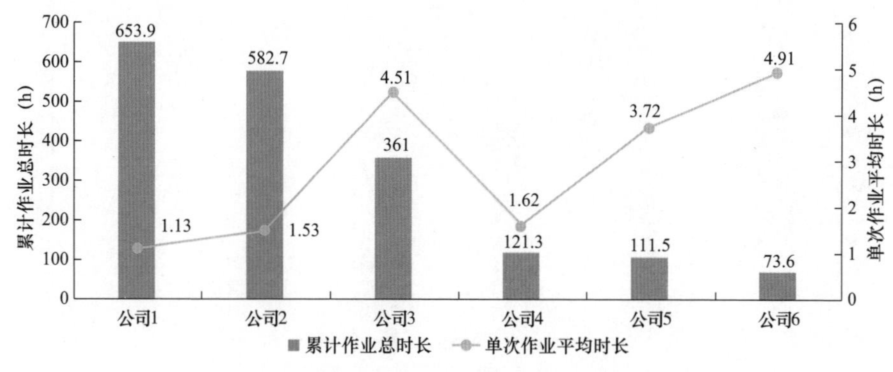

图 7–58　带电作业时长按地市分布情况

从带电作业类型分析，消缺作业最多，为 245 次，占比 55.81%；抢修作业最少，为 4 次，占比 0.91%。带电作业性质分类如图 7–59 所示。

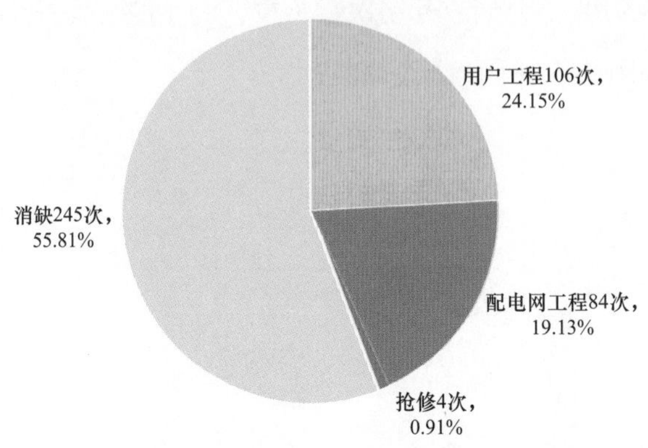

图 7–59　带电作业性质分类

（3）带电作业涉及户数及多送电量监测。2019 年 1 月，××电力公司带电作业涉及 34816 户，累计多送电量 55.17 万 kWh。其中，公司 1 带电作业涉及户数最多为 12463 户；公司 6 带电作业涉及户数最少为 1661 户；公司 5 带电作业多送电量最多，为 22.51 万 kWh；公司 6 带电作业多送电量最少，为 1.61 万 kWh。带电作业涉及户数及多送电量按地市分布情况如图 7–60 所示。

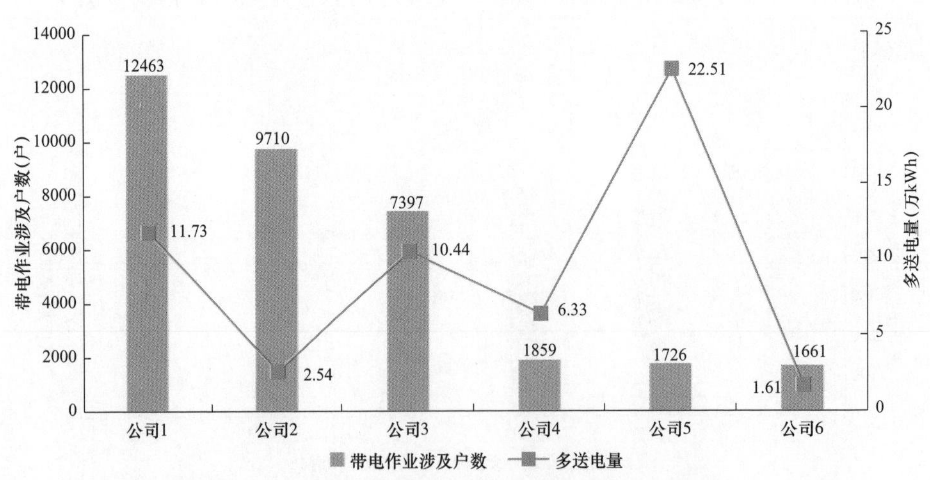

图 7–60　带电作业涉及户数及多送电量按地市分布

（4）带电作业类型监测。带电作业类型有消缺、配电网工程、用户工程和抢修四类。其中，消缺作业最多，为 767 次，占比 66.12%；配电网工程 326 次，占比 28.10%；用户工程 62 次，占比 5.34%；抢修作业最少，为 5 次，占比 0.43%。带电作业类型分类如图 7–61 所示。

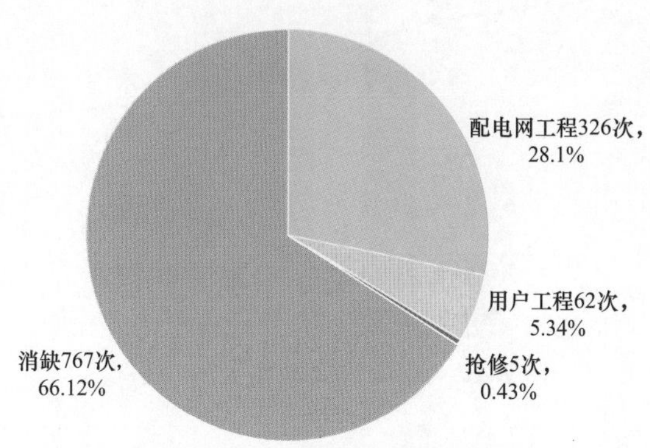

图 7–61 带电作业类型分类

（5）平均带电作业时间监测。按单位分布分析，公司 1 带电作业累计时长、单次作业平均时长均最大，分别为 580.4h、3.7h；××部（四区配电网）带电作业累计时长、单次作业平均时长均最小，分别为 84.6h、1.6h。带电作业时长按单位分布情况如图 7–62 所示。

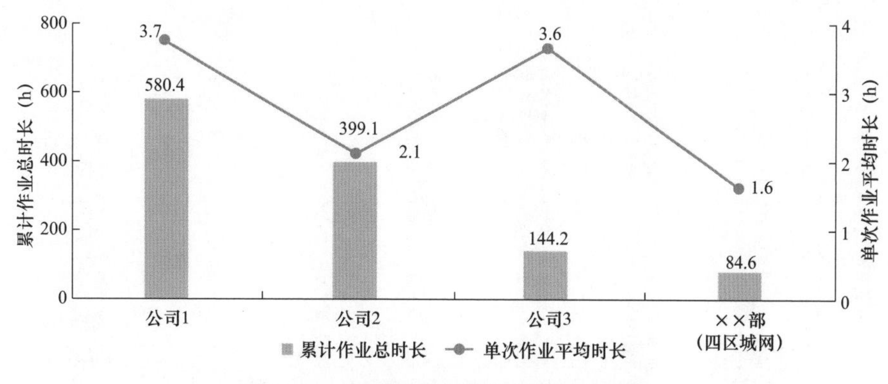

图 7–62 带电作业时长按单位分布情况

按带电作业类型分析，消缺作业累计时长、单次作业平均时长均最大，分别为 775.9h、3.2h；抢修作业累计时长、单次作业平均时长均最少，分别为 6.3h、1.6h。带电作业按类型分布情况如图 7-63 所示。

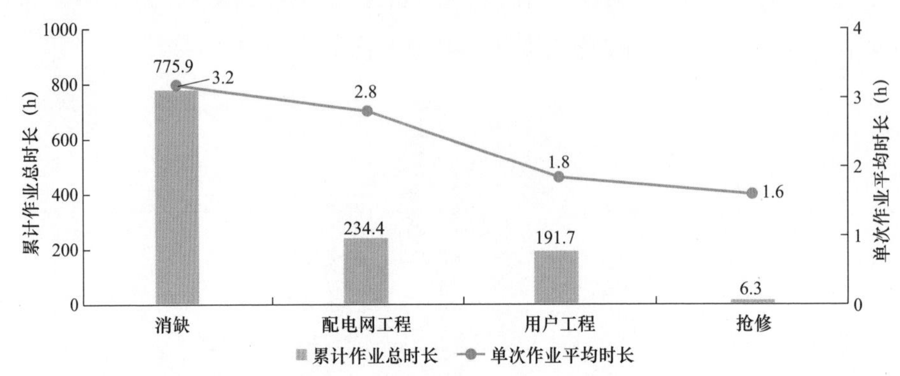

图 7-63　带电作业按类型分布情况

7.5.3.3　电压质量监测

（1）电压质量基础管理监测。2018 年，×× 地区电压质量采集覆盖率为 99.97%，采集成功率为 99.27%，整体情况良好。因集中器升级调试、“三供一业”接入等因素影响，各区县指标又有所不同。其中，公司 1 采集覆盖率最高为 100%，公司 3 采集成功率最高为 99.52%；公司 7 采集覆盖率最低为 99.89%，公司 6 采集成功率最低为 99.05%。×× 地区电压质量采集情况如图 7-64 所示。

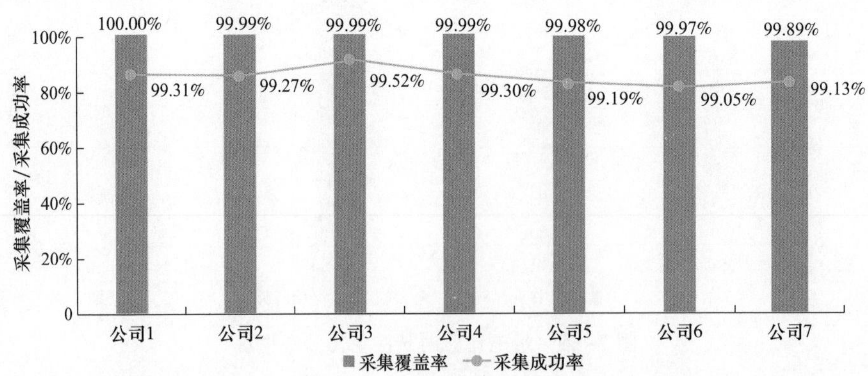

图 7-64　×× 地区电压质量采集情况

（2）电压质量异常监测。2018 年，监测发现 ×× 地区电压异常台区共计 753 个。其中，三相不平衡 517 个，占比 68.66%；低电压 162 个，占比 21.51%；过电压 74 个，占比 9.83%。按单位分析，公司 1 电压异常台区最多，为 171 个，占比 22.71%；公司 7 最少，为 20 个，占比 2.66%。2018 年度电压异常台区概况如图 7-65 所示。

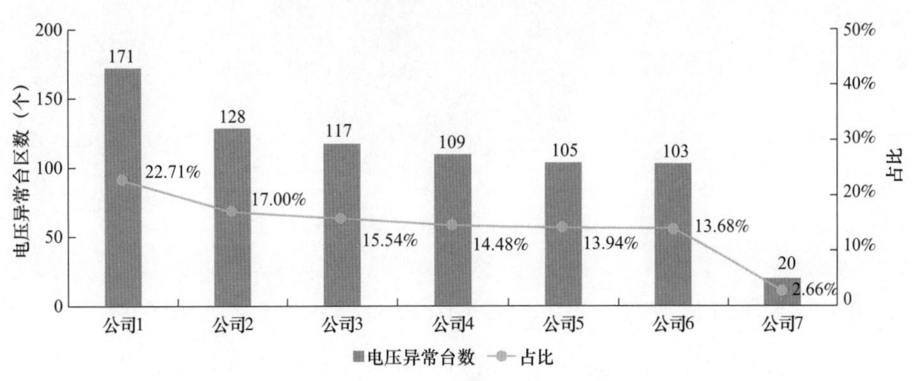

图 7-65　2018 年度电压异常台区概况

（3）电压质量总体情况监测。2019 年 1 月，×× 地区电压异常台区共计 433 个。其中，公司 1 电压异常台区最多，为 128 个，占比 29.56%；公司 6 最少，为 20 个，占比 4.62%。电压异常台区按地市分布情况如图 7-66 所示。

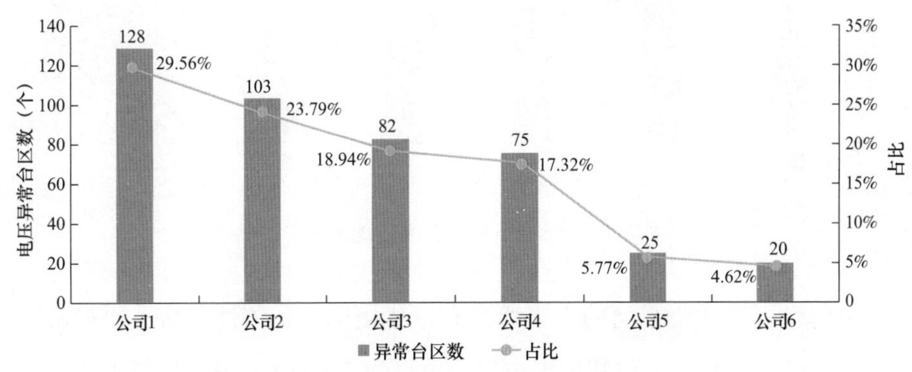

图 7-66　电压异常台区按地市分布情况

从电压质量异常类型分析，三相不平衡 253 个，占比 58.43%；过电压 115 个，占比 26.56%；重过载 32 个，占比 7.59%；低电压 33 个，占比 7.62%。电压异常台区按类型分布情况如图 7–67 所示。

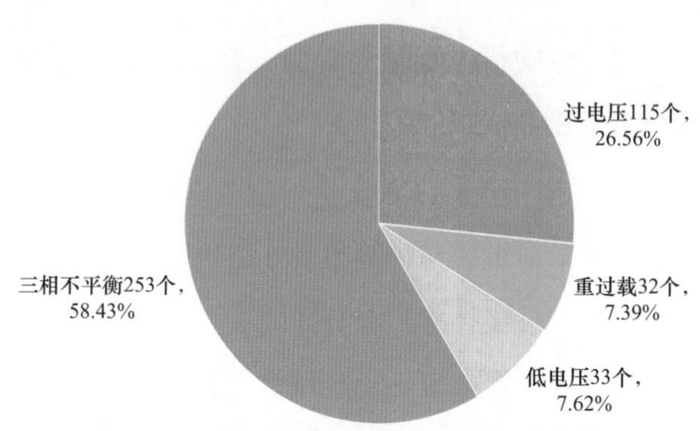

图 7–67　电压异常台电按类型分布情况

1）三相不平衡监测。2019 年 1 月，×× 地区三相不平衡台区共计 253 个。其中，公司 1 最多，为 90 个，占比 35.57%；公司 6 最少，为 9 个，占比 3.56%。三相不平衡台区按地市分布情况如图 7–68 所示。

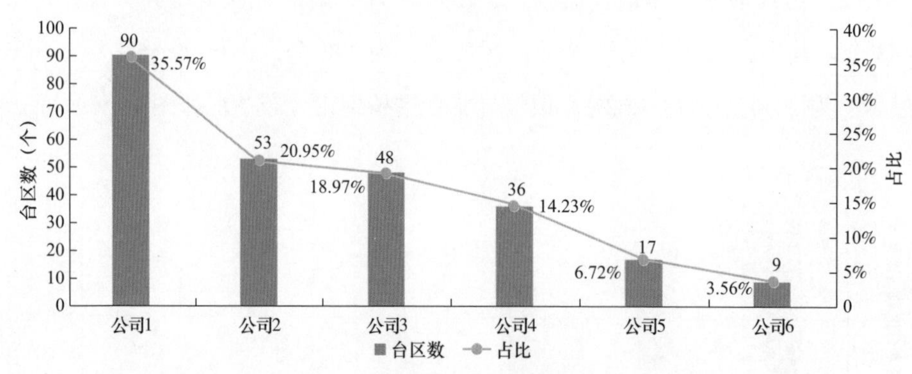

图 7–68　三相不平衡台区按地市分布情况

引起台区三相不平衡的主要原因有单相用电、季节性负荷、用户搬迁、采集故障四类。其中，单相用电占比最大，为 51.78%；采集故障占比最小，为 5.14%。三相不平衡台区原因构成如图 7–69 所示。

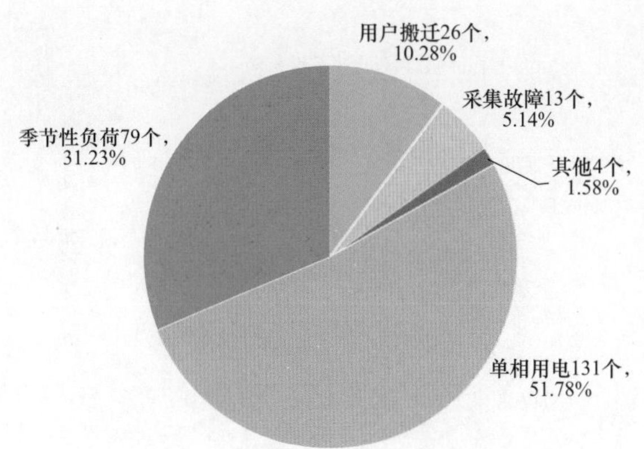

图 7-69 三相不平衡台区原因构成

2）低电压监测。2019 年 1 月，× × 地区低电压台区共计 33 个。其中，公司 1 最多，为 9 个，占比 27.27%；公司 6 最少，为 1 个，占比 3.03%。低电压台区按地市分布情况如图 7-70 所示。

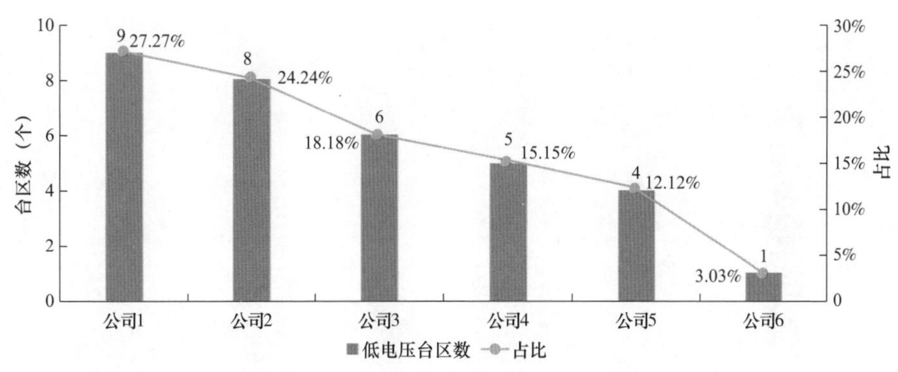

图 7-70 低电压台区按地市分布情况

引起台区低电压的主要原因有：季节性用电负荷突增、配电网变压器出口电压低、台区供电半径过长、采集终端故障、变压器容量小五类。其中，季节性用电负荷突增占比最大，为 51.52%；变压器容量小占比最小，为 6.06%。低电压台区原因构成如图 7-71 所示。

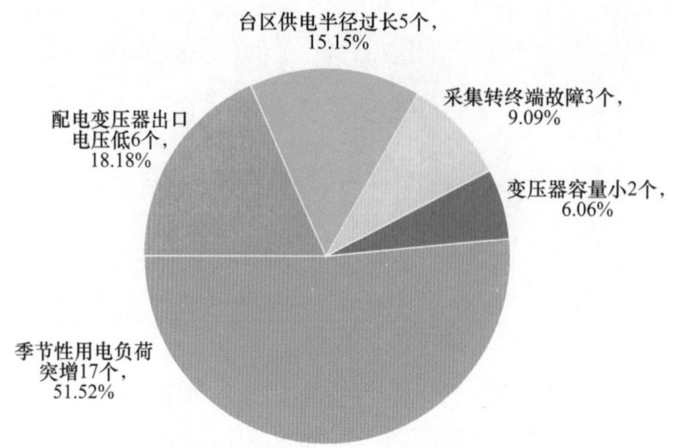

图 7–71　低电压台区原因构成

3）过电压监测。2019 年 1 月，× × 地区过电压台区共计 115 个，分布情况如图 7–72 所示。其中：公司 1 最多，为 56 个，占比 48.70%；公司 6 最少，为 3 个，占比 2.61%。

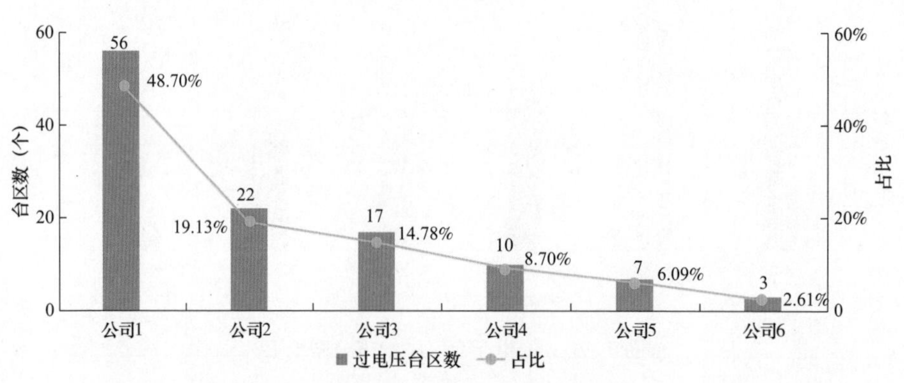

图 7–72　过电压台区地市分布

引起台区过电压的主要原因有瞬时负荷、变压器档位偏高、变压器负载低、采集终端故障四类，其中，瞬时负荷占比最大，为 50.43%；采集故障占比最小，为 2.61%。过电压台区原因构成如图 7–73 所示。

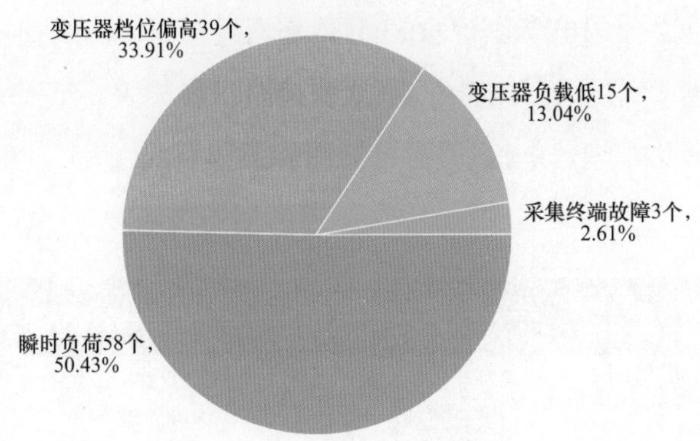

图 7-73　过电压台区原因构成

4）重过载监测。2019 年 1 月，×× 地区重过载台区共计 32 个。其中，银川供电公司最多，为 12 个，占比 37.50%；公司 4 较少，为 4 个，占比 12.50%；公司 5 和公司 6 未发生台区重过载。重过载台区按地市分布情况如图 7-74 所示。

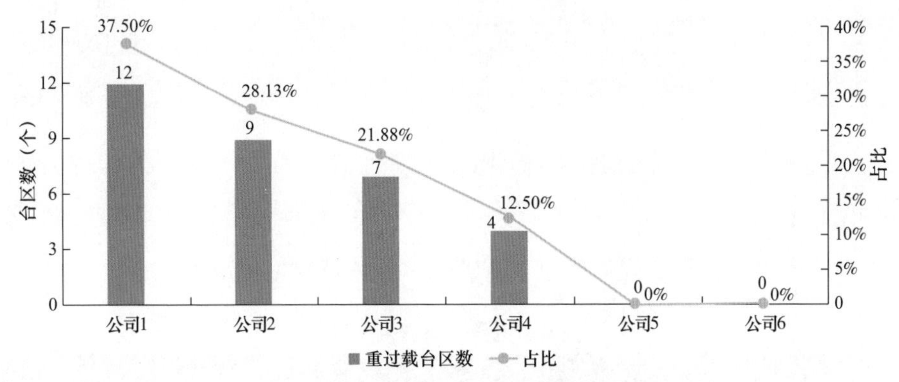

图 7-74　重过载台区按地市分布情况

7.5.3.4　电费透明度监测

电费透明度是指电费信息公开情况，即电力客户可通过政府网站、实体营业厅、网上营业厅、95598 热线、掌上电力 APP、供用电合同、电费发票、短信等多种渠道，方便、快捷地获得最新电价政策、电量电费使用情况。

（1）电费信息获取渠道监测。

1）×× 电力公司电费获取渠道主要是通过 95598 热线查询、实体营业厅、网上营业厅、掌上电力 APP、本地费控电子智能表、第三方（微信、支付宝）均具有查询电费、电价功能，详见表 7–9。

表 7–9　渠道种类

电费获取渠道	95598 热线	实体营业厅	95598 网上营业厅	掌上电力	费控电子智能表	第三方（微信、支付宝）
可获得程度	全部获得	全部获得	全部获得	全部获得	根据电子智能表的类型不同获取的信息不同	需充值后获得电费余额信息

2）×× 电力公司电价电费政策获取渠道主要是政府网站、供用电合同、电费发票、实体营业厅公示栏，详见表 7–10。

表 7–10　电费获取渠道

电费电价政策获取渠道	政府网站	供用电合同	电费发票
可获得程度	电压等级、目录电价、城市附加费、还贷基金、合计电价、基本电费等各类电价政策信息	可以获得与用户用电性质一致的电压等级、目录电价、城市附加费、还贷基金、合计电价、基本电费等电价政策信息	各档电量、电价、电费及年度累计阶梯购电量信息

（2）各渠道电费信息提供质量监测。通过实地考察、平台信息查询、外部网络信息抽取等方式，从便利性、及时性、完整性、灵活性等维度，对各类电费、电价信息渠道提供质量进行评估，具体情况见表 7–11。

表 7–11　各渠道电费信息提供质量

电费获取渠道	95598 热线	实体营业厅	95598 网上营业厅	掌上电力	费控电子智能表	第三方（微信、支付宝）
便利性	非常便利，但知晓度低	需用户到指定营业厅	非常便利，但知晓度低	非常便利	便利	便利
及时性	及时	及时	及时	及时	及时	及时
完整性	完整	完整	完整	完整	不完整	不完整
灵活性	不灵活	不灵活	不灵活	不灵活	不灵活	不灵活

1）便利性方面。95598 热线知晓度较低，但查询功能全部满足；实体营业厅客户需到指定地点，从距离的角度考虑，最不便利；95598 网上营业厅使用便利，但知晓度低；掌上电力使用便利；费控电子智能表查询电费余额和执行电价方便，但知晓度较低，查询内容受限；第三方（微信、支付宝）需充值后通过短信获得当前电费余额信息。

2）及时性方面。95598 热线、实体营业厅、95598 网上营业厅、掌上电力、费控电子智能表和第三方（微信、支付宝），在电费发行后及电价政策调整后能及时提供和更新相关信息。

3）完整性方面。95598 热线、实体营业厅、95598 网上营业厅、掌上电力获得的电费组成完整，包括电价标准、计量装置读数、电费发行日期、电费发行周期、电费计算方式；费控电子智能表获得的电费组成不包括电费发行日期、电费发行周期、电费计算方式；第三方（微信、支付宝）只是在充值后获得电费余额。

4）灵活性方面。重点监测是否有信息推送服务，目前 ×× 地区的 6 种服务渠道中，只有掌上电力具有信息推送服务，但不可以根据客户要求定制信息。第三方（微信、支付宝）只有充值短信余额信息。

7.5.4 客户营商反馈

7.5.4.1 客户诉求

（1）内部渠道客户诉求。

1）客户诉求重点。2018 年，×× 地区共发生服务申请、投诉、意见、建议、咨询、举报、表扬、客户催办等客户诉求 36643 个。其中，服务申请类诉求最多，占比 78.22%；客户催办、意见诉求次之，占比分别为 9.69%、8.99%。客户诉求占比情况如图 7–75 所示。

从诉求原因分析，客户诉求主要集中在电量未下发、电能表异常、客户侧用电需求配合等服务申请类工单。客户诉求重点如图 7–76 所示。

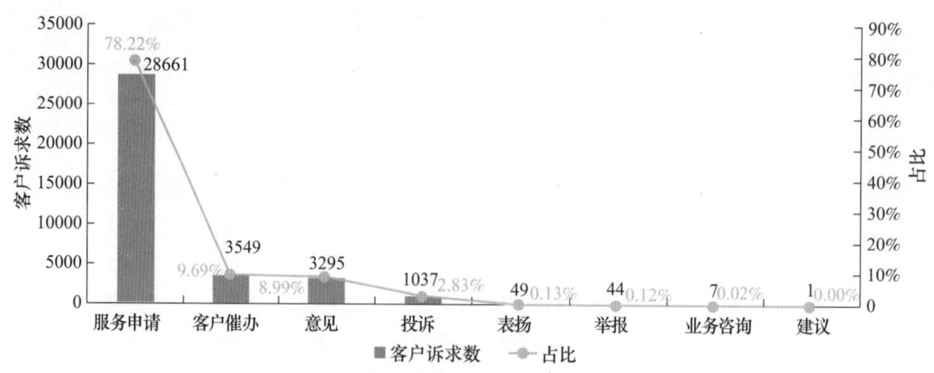

图 7–75　客户诉求占比情况

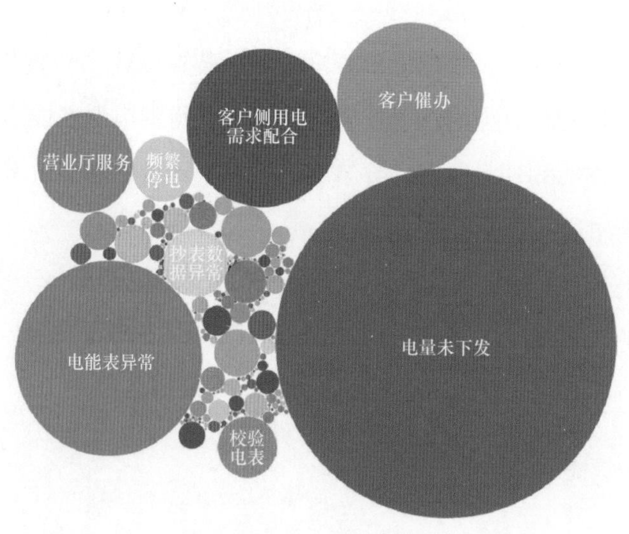

图 7–76　客户诉求重点

2）营商环境客户诉求重点。2018 年，× × 地区共发生故障报修、服务申请、意见、投诉、客户催办、表扬、业务咨询等营商环境客户诉求 18891 个。其中，故障报修类诉求最多，占比 71.13%；服务申请诉求次之，占比 19.34%。营商环境诉求占比情况如图 7–77 所示。

从诉求热点分析，营商环境客户诉求主要集中在停电、频繁停电、电费异议、变更等方面。营商环境客户诉求热点如图 7–78 所示。

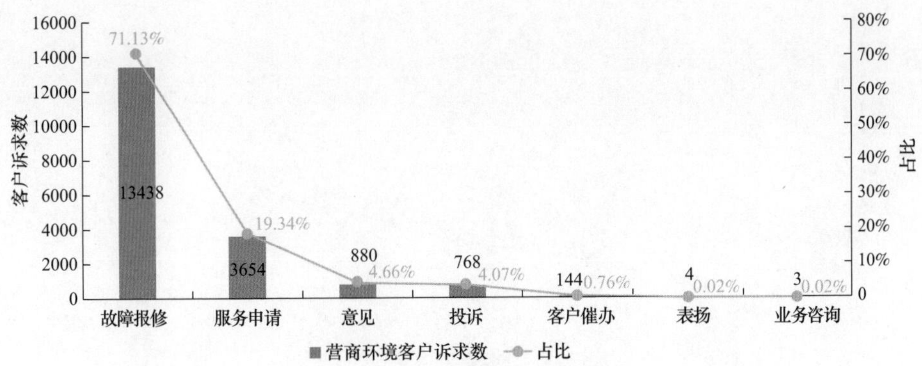

图 7–77　营商环境诉求占比情况

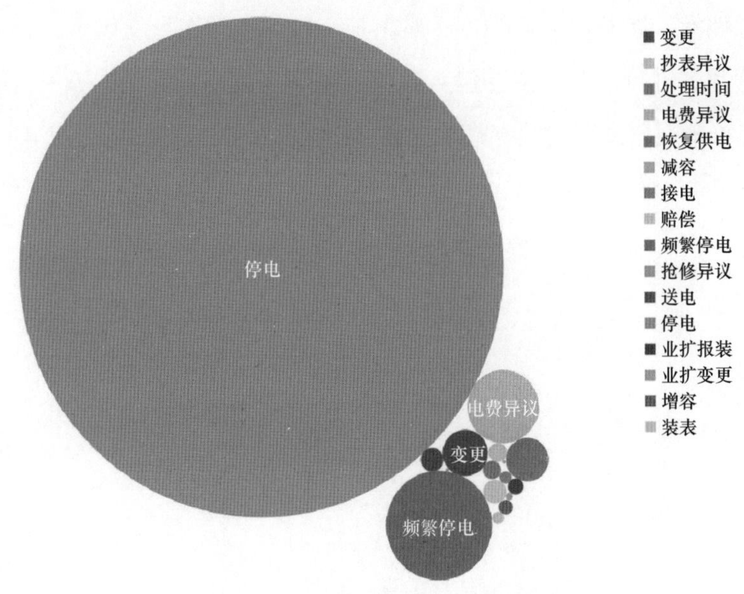

图 7–78　营商环境客户诉求热点

3）客户诉求趋势。2018 年，×× 地区客户诉求整体呈上升趋势，1~9 月上升趋势平缓，10~12 月诉求量大幅增加，12 月达到峰值。客户诉求趋势分析如图 7–79 所示。

（2）外部固定渠道客户诉求。该部分内容需由第三方机构收集公司外部环境中的政府、行业上下游、社会组织等其他利益相关方对公司的评价，了解外部对公司的关注点，进而对公司的优质服务水平进行评价。

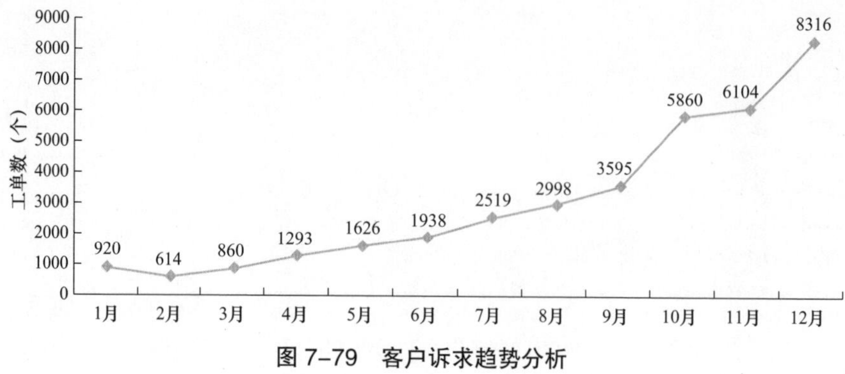

图 7-79　客户诉求趋势分析

（3）外部非固定渠道客户诉求。该部分内容需由第三方机构按照发生频度、涉及地域、涉及服务等维度，对由某一具体事件在社交媒体传播发酵产生的舆情数据进行监测，主要包含微博、微信公众号、自媒体等平台的开放信息。也可采用调查问卷的方式了解客户的诉求及关注重点。

附 录

附录1　业扩报装流程图

<table>
<tr><th>营销部</th><th>其他部门</th><th>过程描述</th></tr>
<tr>
<td> 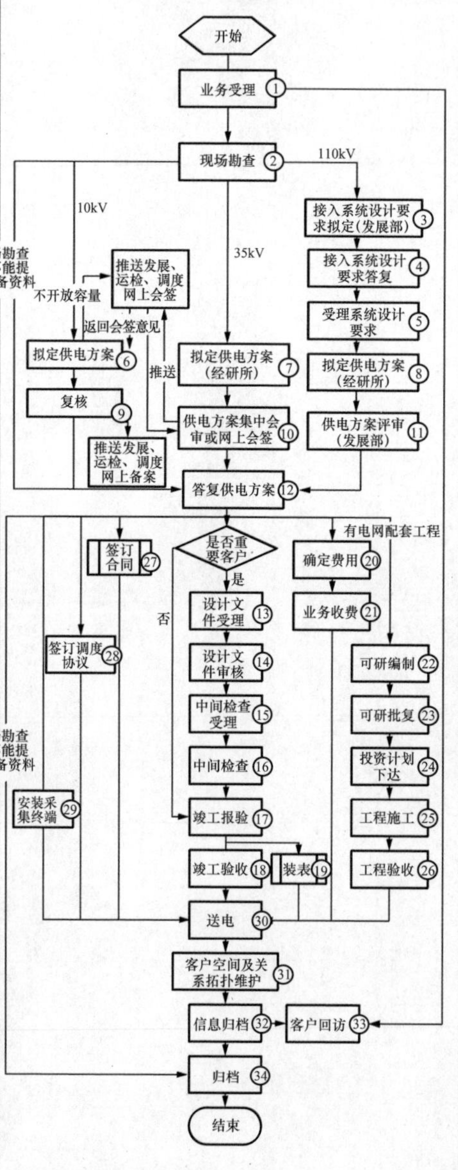开始
业务受理①
现场勘查②
10kV
35kV
110kV
接入系统设计要求拟定(发展部)③
接入系统设计要求答复④
受理系统设计要求⑤
现场勘查时不能提供必备资料
不开放容量
推送发展、运检、调度网上会签
返回会签意见
拟定供电方案⑥
拟定供电方案（经研所）⑦
推送
拟定供电方案（经研所）⑧
复核⑨
供电方案集中会审或网上会签⑩
供电方案评审（发展部）⑪
推送发展、运检、调度网上备案
答复供电方案⑫
签订合同㉗
是否重要客户
是
否
有电网配套工程
确定费用⑳
业务收费㉑
设计文件受理⑬
设计文件审核⑭
签订调度协议㉘
可研编制㉒
中间检查受理⑮
可研批复㉓
现场勘查时不能提供必备资料
中间检查⑯
投资计划下达㉔
安装采集终端㉙
竣工报验⑰
工程施工㉕
竣工验收⑱
装表⑲
工程验收㉖
送电㉚
客户空间及关系拓扑维护㉛
信息归档㉜
客户回访㉝
归档㉞
结束</td>
<td>1:
营销部
2:
10kV：营销部
35kV：营销部、发展部、运检部、经研院（所）
110kV：营销部、发展部、运检部、经研院（所）
3:
发展部、营销部
4:
营销部
5:
营销部
6:
营销部
7、8:
经研院（所）
9:
营销部
10:
营销部、发展部、运检部、经研院（所）
11:
发展部、营销部、运检部、调控中心、经研院（所）
12、13、15、17、19:
营销部
14、16、18:
营销部、运检部、调控中心
20、21:
营销部
22、23、24、25、26:
运检部、基建部
27、29:
营销部
28:
调控中心、营销部
30:
营销部、运检部、调控中心
31、32、33、34:
营销部</td>
<td>1.业务受理：客户提交申请资料，营销部审查资料并接受向客户的报装申请。
2.现场勘查：营销部组织相关部门进行现场勘查，初步提出供电、计量计费方案，并判别客户属于重要客户或普通客户。
3~5.接入系统要求拟写、接入系统要求答复、受理系统设计要求：发展部为110kV及以上的用电新装申请，根据现场勘查结果及电网规划要求，出具接入系统设计要求，营销部答复客户并接收客户接入系统设计图纸资料。
6~12.拟定、确定、答复供电方案：
（1）10kV：营销部根据现场勘查结果，拟定供电方案（不开放容量的需推送发展、运检、调控中心会签），进行供电方案复核后，答复客户并推送供电方案至相关部门备案。
（2）35kV：经研院根据现场勘查结果，拟定供电方案。营销部组织发展部、运检部、经研院进行供电方案集中会审或网上会签，答复供电方案。
（3）110kV：经研院根据现场勘查结果，拟定供电方案；发展部组织相关部门对供电方案进行集中审查，出具审查意见；营销部答复供电方案。
13~14.设计审核：
营销部受理重要或有特殊负荷客户受电工程设计图纸及其他设计资料，组织相关部门审查，在规定时限内答复审核意见。
15~16.中间检查：
营销部受理重要或有特殊负荷客户受电工程中间检查申请，接收并审查受电工程客户资料，组织相关部门对客户受电工程中的隐蔽工程进行中间检查。
17~19.竣工检验、装表：
营销部接收客户的竣工验收要求，审核材料，组织相关部门对客户受电工程进行竣工验收；进行表计安装。
20~21.业扩收费：
营销部确定并收取业扩费用。
22~26.电网配套工程：
运检部、基建部进行电网配套工程的可研编制、可研批复、投资计划下达、工程施工、工程验收的过程。
27~28.合同、调度协议签订：
营销部、调控中心同客户签订合同和调度协议。
29.安装采集终端：
营销部领取采集设备到现场完成安装。
30.送电：
营销部装表工作完成后组织相关部门送电。
31~34.客户回访、归档：
营销部在规定回访时限内完成回访工作，并将流程进行归档。</td>
</tr>
</table>

附录 2 故障抢修流程图

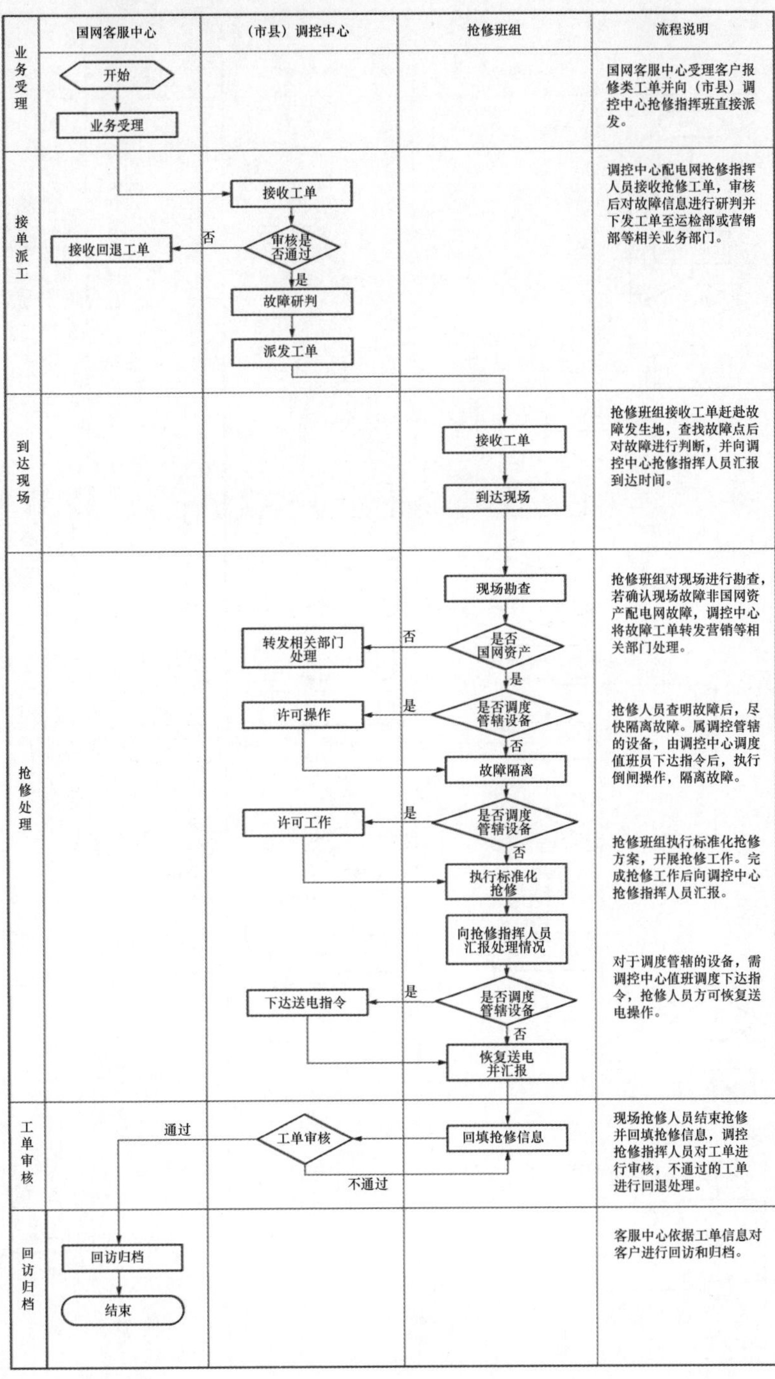
国网客服中心
（市县）调控中心
抢修班组
流程说明
业务受理
开始
业务受理
国网客服中心受理客户报修类工单并向（市县）调控中心抢修指挥班直接派发。
接单派工
接收工单
审核是否通过
否
接收回退工单
是
故障研判
派发工单
调控中心配电网抢修指挥人员接收抢修工单，审核后对故障信息进行研判并下发工单至运检部或营销部等相关业务部门。
到达现场
接收工单
到达现场
抢修班组接收工单赶赴故障发生地，查找故障点后对故障进行判断，并向调控中心抢修指挥人员汇报到达时间。
抢修处理
现场勘查
是否国网资产
否
转发相关部门处理
是
是否调度管辖设备
是
许可操作
否
故障隔离
是否调度管辖设备
是
许可工作
否
执行标准化抢修
向抢修指挥人员汇报处理情况
是否调度管辖设备
是
下达送电指令
否
恢复送电并汇报
抢修班组对现场进行勘查，若确认现场故障非国网资产配电网故障，调控中心将故障工单转发营销等相关部门处理。
抢修人员查明故障后，尽快隔离故障。属调控管辖的设备，由调控中心调度值班员下达指令后，执行倒闸操作，隔离故障。
抢修班组执行标准化抢修方案，开展抢修工作。完成抢修工作后向调控中心抢修指挥人员汇报。
对于调度管辖的设备，需调控中心值班调度下达指令，抢修人员方可恢复送电操作。
工单审核
回填抢修信息
工单审核
通过
不通过
现场抢修人员结束抢修并回填抢修信息，调控抢修指挥人员对工单进行审核，不通过的工单进行回退处理。
回访归档
回访归档
结束
客服中心依据工单信息对客户进行回访和归档。

附录 3　95598 业务流程总图

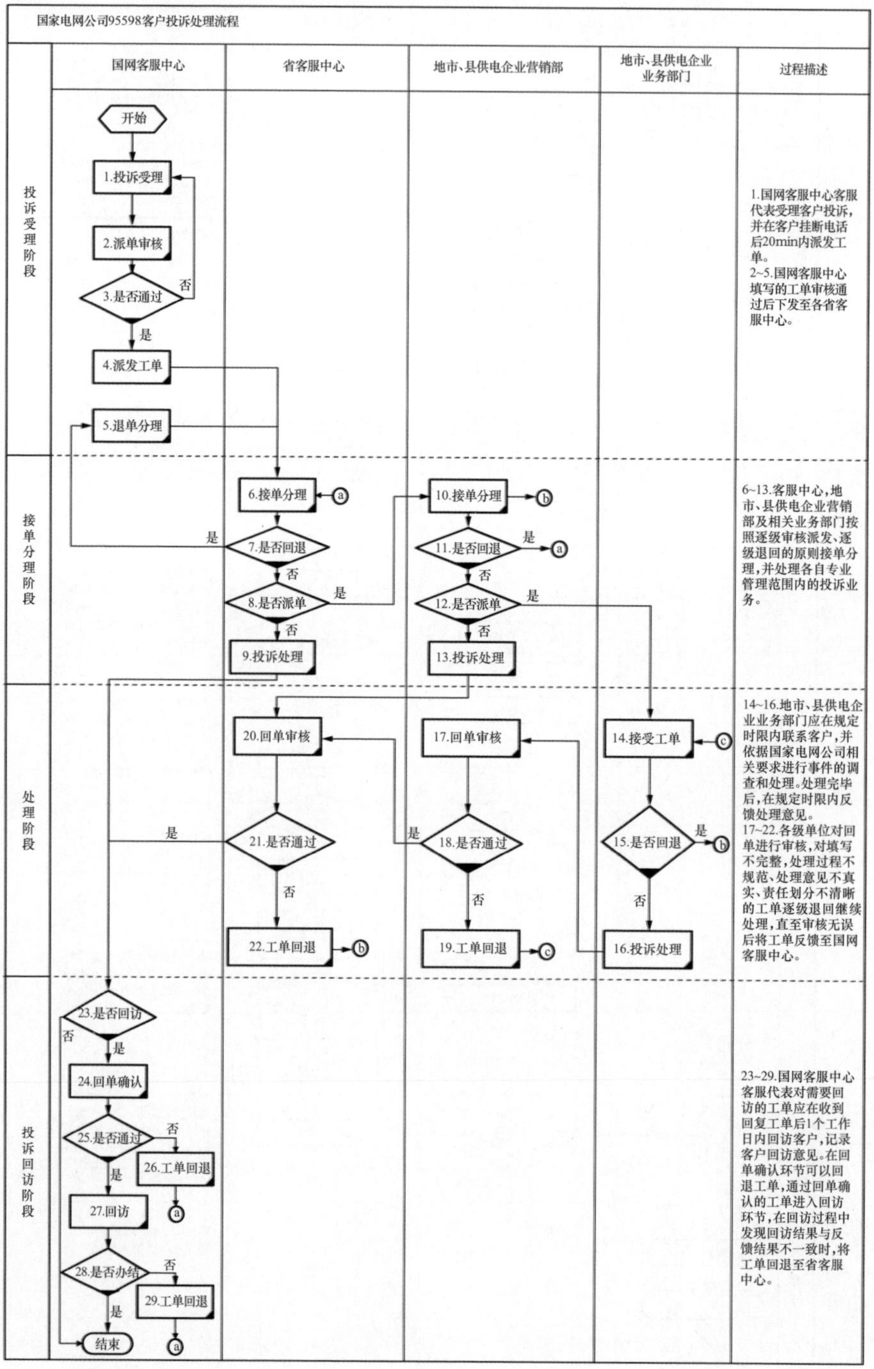

国家电网公司95598客户投诉处理流程

	国网客服中心	省客服中心	地市、县供电企业营销部	地市、县供电企业业务部门	过程描述
投诉受理阶段	开始 1.投诉受理 2.派单审核 3.是否通过（否→1；是→4） 4.派发工单 5.退单分理				1.国网客服中心客服代表受理客户投诉，并在客户挂断电话后20min内派发工单。 2~5.国网客服中心填写的工单审核通过后下发至各省客服中心。
接单分理阶段		6.接单分理 ⓐ 7.是否回退（是→5；否→8） 8.是否派单（是→10；否→9） 9.投诉处理	10.接单分理 →ⓑ 11.是否回退（是→ⓐ；否→12） 12.是否派单（是→14；否→13） 13.投诉处理		6~13.客服中心，地市、县供电企业营销部及相关业务部门按照逐级审核派发、逐级退回的原则接单分理，并处理各自专业管理范围内的投诉业务。
处理阶段		20.回单审核 21.是否通过（是→23；否→22） 22.工单回退 →ⓑ	17.回单审核 18.是否通过（是→20；否→19） 19.工单回退 →ⓒ	14.接受工单 ⓒ 15.是否回退（是→ⓑ；否→16） 16.投诉处理	14~16.地市、县供电企业业务部门应在规定时限内联系客户，并依据国家电网公司相关要求进行事件的调查和处理。处理完毕后，在规定时限内反馈处理意见。 17~22.各级单位对回单进行审核，对填写不完整，处理过程不规范、处理意见不真实、责任划分不清晰的工单逐级退回继续处理，直至审核无误后将工单反馈至国网客服中心。
投诉回访阶段	23.是否回访（否→结束；是→24） 24.回单确认 25.是否通过（否→26；是→27） 26.工单回退 →ⓐ 27.回访 28.是否办结（否→29；是→结束） 29.工单回退 →ⓐ 结束				23~29.国网客服中心客服代表对需要回访的工单应在收到回复工单后1个工作日内回访客户，记录客户回访意见。在回单确认环节可以回退工单，通过回单确认的工单进入回访环节，在回访过程中发现回访结果与反馈结果不一致时，将工单回退至省客服中心。

参考文献

[1] 张立忠 . 电力安全生产大数据分析与应用 [M]. 北京：中国电力出版社 .2019.

[2] 施婕，艾芊 . 智能电网实现的若干关键技术问题研究 [J]. 电力系统保护与控制，2009，37（19）：1–4.

[3] 张东霞，姚良忠，马文媛 . 中外智能电网发展战略 [J]. 中国电机工程学报，2013，33（31）：1.

[4] 刘道新，胡航海，张健等 . 大数据全生命周期关键问题研究及应用 [J]. 中国电机工程学报，2015，35（1）：23–27.

[5] 李东伟 . 基于数据挖掘的电力系统短期负荷预测研究 [D]. 大连：大连理工大学，2007.

[6] 李邦云，丁晓群，程莉 . 基于数据挖掘的负荷预测 [J]. 电力自动化设备，2003，23（8）：52–54.

[7] 刘莉，翟登辉，姜新丽 . 电力系统不良数据检测与识别方法的现状与发展 [J]. 电力系统保护与控制，2010，38（5）：143–146.

[8] 曹一家 . 并行遗传算法在电力系统经济调度中的应用 [J]. 电力系统自动化，2006，26（13）：20–24.

[9] 陈海焱，陈金富，段献忠 . 含风电场电力系统经济调度的模糊建模及优化算法 [J]. 电力系统自动化，2006，30（2）：22–26.

[10] 万国成，任震，田翔 . 配电网可靠性评估的网络等值法模型研究 [J]. 中国电机工程学报，2003，23（5）：48–52.

[11] 刘继亭 . 电网节能降耗总体规划研究 [J]. 中国战略性新兴产业，2017（44）：74–81.

[12] 张阳，周义辉，苗立峰 . 电力系统配电线路节能降损技术 [J]. 中国管理信息化，2017（18）.

[13] 宣慧波 . 城市 10kV 电网节能降耗技术措施 [J]. 黑龙江科技信息，2017（01）：23–27.

[14] 范伟 . 电网改造中的配电网节能降耗策略 [J]. 低碳世界，2017（02）：47–53.

[15] 肖德福 . 农村电网节能降耗现状分析及对策 [J]. 科技创新与应用，2017（16）：127–131.

[16] 吴胜玉 . 配电线路节能降耗技术应用效果分析 [J]. 低碳世界，2017（15）：223–229.

[17] 刘东，张宏，王建春 . 主动配电网技术研究现状综述 [J]. 电力工程技术，2017（04）：67–72.

[18] 蔡晓雯 . 谈阳春供电局节能降耗工作 [J]. 科技信息，2018（33）：12–18.